新时代气象防灾减灾科普丛书

领导干部
气象灾害防御手册

中国气象局◎编著

气象出版社
China Meteorological Press

图书在版编目（CIP）数据

领导干部气象灾害防御手册 / 中国气象局编著. ──
北京：气象出版社，2022.5（2022.8重印）
（新时代气象防灾减灾科普丛书）
ISBN 978-7-5029-7701-6

Ⅰ. ①领… Ⅱ. ①中… Ⅲ. ①气象灾害－灾害防治－
手册 Ⅳ. ①P429-62

中国版本图书馆CIP数据核字(2022)第073694号

Lingdao Ganbu Qixiang Zaihai Fangyu Shouce

领导干部气象灾害防御手册

出版发行：气象出版社

地　　址：北京市海淀区中关村南大街 46 号　　**邮政编码**：100081

电　　话：010-68407112（总编室）　　　010-68408042（发行部）

网　　址：http://www.qxcbs.com　　**E-mail**：qxcbs@cma.gov.cn

责任编辑：颜娇珑　邵　华　　　　　　**终　　审**：吴晓鹏

责任校对：张硕杰　　　　　　　　　　**责任技编**：赵相宁

设　　计：北京追韵文化发展有限公司

印　　刷：北京地大彩印有限公司

开　　本：710 mm×1000 mm　1/16　　　**印　　张**：16

字　　数：113千字

版　　次：2022 年 5 月第 1 版　　　　　**印　　次**：2022 年 8 月第 7 次印刷

定　　价：75.00 元

丛书序

　　天气是影响人类活动的重要因素。变幻莫测的气象风云，在让我们赖以生存的环境变得多姿多彩的同时，也给人类带来诸多挑战——气象灾害及其衍生灾害与我们如影随形。暴雨、台风、干旱、高温、沙尘暴、大雾、霾等气象灾害时有发生，由此引发的次生灾害，如中小河流洪水、城市内涝、山洪、地质灾害，以及病虫害、森林和草原火灾等灾害，也如悬顶之剑，不时威胁着我们的安全和发展。

　　我国是世界上受气象灾害影响最为严重的国家之一，灾害种类多、分布地域广、发生频率高、造成损失重，树立安全发展理念，防范化解重大风险，统筹发展与安全，必须建立科学高效的气象灾害防治体系，提高全社会的综合防灾减灾能力。多年来，气象工作者始终秉持服务国家、服务人民，深入贯彻落实习近平总书记关于防灾减灾救灾和气象工作重要指示精神，坚持人民至上、生命至上，全力筑牢气象防灾减灾第一道防线，在保障生命安全、生产发展、生活富裕、生态良好方面作出了积极贡献。此次编辑出版的《新时代气象防灾减灾科普丛书》，贴合不同重点人群需求分为三册：《领导干部气象灾害防御手册》《农民气象灾害防御手册》《青少年气象灾害防御手册》，旨在进一步提升气象防灾减灾知识普及的科学性、针对性和实用性，提高全社会气象防灾减灾意识和能力。

丛书内容以"灾害来了怎么辨、怎么办"为核心问题，聚焦 10 余种主要气象灾害，力争打造即拿即用的气象防灾减灾速查指南。《领导干部气象灾害防御手册》重点普及气象灾害类型，致灾原理、预警信号、防范措施和应急预案，旨在帮助领导干部、防灾减灾应急责任人员了解气象灾害特点、影响、预警信息及防御措施，提高科学防范气象灾害的决策能力。《农民气象灾害防御手册》重点介绍常见典型农业气象灾害及其防御措施，提升农民防范气象灾害、主动趋利避害和"看天种地"的能力。《青少年气象灾害防御手册》让青少年通过认识天气现象和灾害性天气，了解其背后的科学知识，激发科学探索兴趣的同时，增强防范气象灾害的意识和能力。

"明者远见于未萌，智者避危于无形"。希望本套丛书可以成为读者朋友的手边书，成为您身边常备的防灾减灾的锦囊集。

中国气象局局长：

2022 年 5 月

目 录

第一章 台风

一、台风的定义

热带气旋是发生在热带或副热带洋面上的低压涡旋，是一种强大而深厚的热带天气系统。我国把西北太平洋和南海的热带气旋按其底层中心附近最大平均风力（风速）大小划分为6个等级，其中风力为12级或以上的，统称为台风。台风常带来狂风、暴雨和风暴潮，给我国沿海地区造成严重灾害。

台风和飓风都属于热带气旋，只是发生地点不同、叫法不同。在西北太平洋和南海（如中国、菲律宾、日本）发生的热带气旋被称作台风；在大西洋或北太平洋东部（如美国）发生的热带气旋则被称作飓风。若发生在南半球，它就被叫作旋风。最大风力8级以下的热带气旋被称为热带低压。

热带气旋等级划分

热带气旋等级名称	底层中心附近最大平均风速（米/秒）	蒲福风力等级
热带低压（TD）	10.8～17.1	6～7 级
热带风暴（TS）	17.2～24.4	8～9 级
强热带风暴（STS）	24.5～32.6	10～11 级
台风（TY）	32.7～41.4	12～13 级
强台风（STY）	41.5～50.9	14～15 级
超强台风（Super TY）	≥ 51.0	16 级及以上

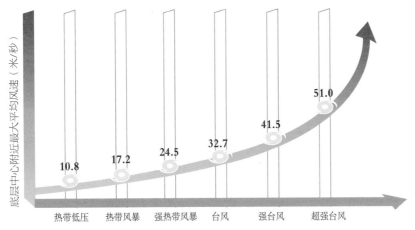

热带气旋等级划分示意图

二、台风的形成条件

台风的形成需要以下几个方面的条件：

（1）海面水温在 26.5 ℃以上。

（2）一定的正涡度初始扰动。

（3）环境风在垂直方向上的切变小。

（4）低压或云团扰动至少离赤道几个纬度。

目前，人们尚未完全了解台风是如何形成的，因此以上所列条件仅仅是台风形成的必要条件。

三、台风的发展过程

台风的初始阶段是热带低压。从最初的低压环流到底层中心附近最大平均风力达到 8 级，一般需要两天左右的时间，慢的需要三四天，而快的只需要几个小时。在发展阶段，台风不断吸收能量，直到中心气压达到最低值，风速达到最大值。登陆陆地后，受到地面摩擦和能量供应不足的共同影响，台风会迅速减弱消亡。

吸收能量
达到顶峰

增强到一定程度
取得名字

接触陆地
或低海温等不利条件
强度衰减

受到地面摩擦和
能量供应不足而消亡

孕育阶段

四、台风的结构

台风是一个深厚的低气压系统，它的中心气压很低，低层有显著向中心辐合的气流，顶部气流主要向外辐散。如果从垂直方向把台风切开，可以看到有明显不同的3个区域，从中心向外依次为：台风眼区、云墙区、螺旋雨带区。

台风垂直剖面示意图

台风眼区：平均直径约为 40 千米，是一个非常奇特的区域。这里风力很小，天气晴朗，身临其中的海员风趣地称台风眼为台风中的"世外桃源"。

云墙区：是台风眼周围宽几十千米、高十几千米的区域，也称"眼壁"。这里云墙高耸、狂风呼啸、大雨如注、海水翻腾，天气最恶劣。

螺旋雨带区：位于云墙外，这里有几条雨（云）带呈螺旋状向眼壁四周辐合。雨带宽几十千米到几百千米，长几千千米，所到之处会出现阵雨和大风天气。

五、影响我国的台风的典型移动路径

西北太平洋热带气旋的典型路径包括西行路径、西北路径和转向路径。当西北太平洋大气环流比较复杂或者发生突变时，热带气旋就会出现一些异常路径。常见的异常路径有南海台风突然北上、蛇形摆动路径、双台风互旋等。

西行路径： 热带气旋从源地（菲律宾以东洋面）一直向偏西方向移动，往往在广东、海南一带登陆。

西北路径： 热带气旋从源地一直向西北方向移动，大多在台湾、福建、浙江一带沿海登陆。

转向路径： 热带气旋从源地向西北方向移动，当靠近我国东部近海时，转向东北方向移动。

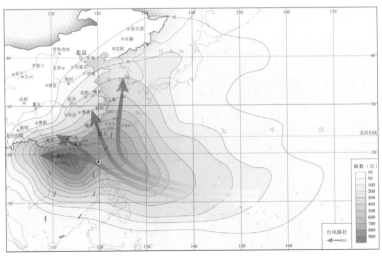

影响我国的台风频数及主要路径（1981—2010年）

六、台风预警信号*

台风预警信号分四级，分别以蓝色、黄色、橙色和红色表示。

（一）台风蓝色预警信号

图标： | **标准：**

24小时内可能或者已经受热带气旋影响，沿海或者陆地平均风力达6级以上，或者阵风8级以上并可能持续。

防御指南：

　　1. 政府及相关部门按照职责做好防台风准备工作；

　　2. 停止露天集体活动和高空等户外危险作业；

　　3. 相关水域水上作业和过往船舶采取积极的应对措施，如回港避风或者绕道航行等；

　　4. 加固门窗、围板、棚架、广告牌等易被风吹动的搭建物，切断危险的室外电源。

---

* 除霾预警信号外，书中气象灾害预警信号及防御指南均来自中国气象局第16号令《气象灾害预警信号发布与传播办法》。霾预警信号及防御指南来自《霾预警信号修订标准(暂行)》(气预函〔2013〕34 号)

（二）台风黄色预警信号

图标：

标准：

24小时内可能或者已经受热带气旋影响，沿海或者陆地平均风力达8级以上，或者阵风10级以上并可能持续。

防御指南：

1．政府及相关部门按照职责做好防台风应急准备工作；

2．停止室内外大型集会和高空等户外危险作业；

3．相关水域水上作业和过往船舶采取积极的应对措施，加固港口设施，防止船舶走锚、搁浅和碰撞；

4．加固或者拆除易被风吹动的搭建物，人员切勿随意外出，确保老人小孩留在家中最安全的地方，危房人员及时转移。

（三）台风橙色预警信号

图标：

标准：

12小时内可能或者已经受热带气旋影响，沿海或者陆地平均风力达10级以上，或者阵风12级以上并可能持续。

防御指南：

1．政府及相关部门按照职责做好防台风抢险应急工作；

2．停止室内外大型集会、停课、停业（除特殊行业外）；

3．相关水域水上作业和过往船舶应当回港避风，加固港口设施，防止船舶走锚、搁浅和碰撞；

4．加固或者拆除易被风吹动的搭建物，人员应当尽可能待在防风安全的地方，当台风中心经过时风力会减小或者静止一段时间，切记强风将会突然吹袭，应当继续留在安全处避风，危房人员及时转移；

5．相关地区应当注意防范强降水可能引发的山洪、地质灾害。

（四）台风红色预警信号

图标：

标准：

6小时内可能或者已经受热带气旋影响，沿海或者陆地平均风力达12级以上，或者阵风达14级以上并可能持续。

防御指南：

1．政府及相关部门按照职责做好防台风应急和抢险工作；

2．停止集会、停课、停业（除特殊行业外）；

3．回港避风的船舶要视情况采取积极措施，妥善安排人员留守或者转移到安全地带；

4．加固或者拆除易被风吹动的搭建物，人员应当待在防风安全的地方，当台风中心经过时风力会减小或者静止一段时间，切记强风将会突然吹袭，应当继续留在安全处避风，危房人员及时转移；

5．相关地区应当注意防范强降水可能引发的山洪、地质灾害。

七、台风应急预案[*]

气象部门加强监测预报，及时发布台风、大风预警信号及相关防御指引，适时加大预报时段密度。

海洋部门密切关注管辖海域风暴潮和海浪发生发展动态，及时发布预警信息。

防汛部门根据风灾风险评估结果和预报的风力情况，与地方人民政府共同做好危险地带和防风能力不足的危房内居民的转移，安排其到安全避风场所避风。

民政部门负责受灾群众的紧急转移安置并提供基本生活救助。

住房和城乡建设部门采取措施，巡查、加固城市公共服务设施，督促有关单位加固门窗、围板、棚架、临时建筑物等，必要时可强行拆除存在安全隐患的露天广告牌等设施。

交通运输、农业部门督促指导港口、码头加固有关设施，督促所有船舶到安全场所避风，防止船

<small>＊书中气象灾害应急预案来自《国家气象灾害应急预案》。</small>

只走锚造成碰撞和搁浅；督促运营单位暂停运营、妥善安置滞留旅客。

教育部门根据防御指引、提示，通知幼儿园、托儿所、中小学和中等职业学校做好停课准备；避免在突发大风时段上学放学。

住房和城乡建设、交通运输等部门通知高空、水上等户外作业单位做好防风准备，必要时采取停止作业措施，安排人员到安全避风场所避风。

民航部门做好航空器转场，重要设施设备防护、加固，做好运行计划调整和旅客安抚安置工作。

电力部门加强电力设施检查和电网运营监控，及时排除危险、排查故障。

农业部门根据不同风力情况发出预警通知，指导农业生产单位、农户和畜牧水产养殖户采取防风措施，减轻灾害损失；农业、林业部门密切关注大风等高火险天气形势，会同气象部门做好森林草原火险预报预警，指导开展火灾扑救工作。

各单位加强本责任区内检查，尽量避免或停止露天集体活动；居民委员会、村镇、小区、物业等部门及时通知居民妥善安置易受大风影响的室外物品。

相关应急处置部门和抢险单位随时准备启动抢险应急方案。

灾害发生后，民政、防汛、气象等部门按照有关规定进行灾情调查、收集、分析和评估工作。

拓展窗

台风的益处

（1）台风带来大量降水，给环境提供了丰富的水资源。

（2）台风可以促进能量流动，促使地球保持热平衡。如果地球热失衡，那么热的地区将越来越热，冷的地区会越来越冷。

（3）台风可以把江河湖海里的营养物质翻卷上来。台风过后，鱼群游到水面"就餐"，此时捕鱼，产量将大幅提高。

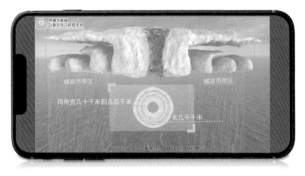

3D动画为您立体解密台风，请扫二维码观看动画：

第二章　暴雨

一、暴雨的定义

暴雨是指短时间内产生较强降雨（24小时降水量≥50毫米）的天气现象。洪涝，指大雨、暴雨或持续降雨，使低洼地区淹没、渍水的现象。

小知识

1毫米降水有多少？

天气预报中常常出现"下了多少毫米的雨"的表述。那么1毫米的降水到底有多少呢？1毫米的降水量，表示在没有蒸发、流失、渗透的平面上，积累了1毫米深的水。就1平方米的面积来说，1毫米的降水量相当于在上面倒了1升水。

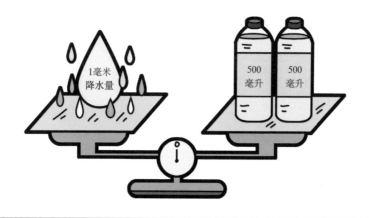

二、暴雨的形成条件

一般来说，产生暴雨的主要物理条件是源源不断的充足水汽、强盛而持久的气流上升运动和大气层结的不稳定。

（一）源源不断的充足水汽

我国暴雨的水汽一是来自偏南方向的南海和孟加拉湾，二是来自西太平洋。此外，江河、湖泊等也是水汽源地之一。

（二）强盛而持久的气流上升运动

大量的水汽是如何上升到高空变冷而凝结成雨滴的呢？有三种情况，可以使水汽上升。

第一种是太阳照射引起水汽上升成云致雨。在强烈太阳辐射下，水面受热蒸发，变成看不见的水汽，进入低层大气中。低层大气也急剧增热膨胀而变轻，饱含水汽的又热又轻的空气扶摇直上，进入高空。

第二种是水汽沿锋面上升成云致雨。冷、暖空气团交汇，形成锋面。这种锋面就像是无形的"斜面楼梯"。富含水汽的暖而轻的空气在冷而干的空气上方沿锋面滑升或被抬升，上升而形成浓厚的云层。

第三种是水汽在迎风坡被抬升成云致雨。从水汽丰富的地区水平移动的暖湿气流，如果在前进方向上遇到山脉、丘陵或高原等阻挡，会被迫沿着山坡向上"爬"而进入较高处，在迎风坡上成云致雨。

太阳照射引起的水汽上升   水汽沿锋面上升

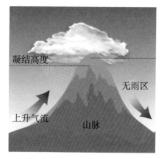

水汽在迎风坡被抬升

三、暴雨的级别

暴雨分级表

级别	24 小时降水量（毫米）
暴雨	50.0 ～ 99.9
大暴雨	100.0 ～ 249.9
特大暴雨	≥ 250

降雨量级标准

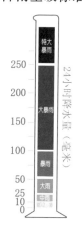

四、我国七大江河主汛期

由于地理位置、天气系统等差异，我国七大江河的汛期时间并不一致。即使是同一河流，每年入汛也有早有迟。按季节不同，我国有四个汛期，即桃花汛（春汛）、伏汛（夏汛）、秋汛和凌汛。其中伏汛和秋汛水量最大，通常我们所说的汛期主要指伏汛和秋汛。主汛期是含于这两汛之中的极易产生洪水的时间。

根据降雨、洪水发生规律和气象成因分析，我国七大江河汛期大致划分如下表。

七大江河汛期与主汛期

江河	汛期	主汛期
珠江	4—9 月	5—7 月
海河	6—9 月	7—8 月
长江	5—10 月	6—9 月
辽河	6—9 月	7—8 月
淮河	6—9 月	6—8 月
松花江	6—9 月	7—8 月
黄河	6—10 月	7—9 月

五、暴雨的影响与危害

（一）涝渍灾害

由于暴雨急而大，排水不畅易引起积水成涝，土壤孔隙被水充满，造成陆生植物根系缺氧，使根系生理活动受到抑制，造成作物受害而减产。

在城镇，当雨水过多而超过排水能力时，水就会在路面流动，地势低的地方形成积水，造成城市内涝，对交通运输、工业生产、商业活动、市民日常生活等影响极大。

（二）洪水灾害

由暴雨引起的洪水淹没作物，使作物新陈代谢难以正常进行而发生各种伤害，淹水越深，淹没时间越长，对农业、林业和渔业等危害越严重。

暴雨造成江河泛滥，还会引发山洪、滑坡、泥石流等地质灾害，不仅危害农作物，而且还冲毁农舍和工农业设施、道路等，甚至造成人畜伤亡和严重经济损失。

我国历史上的洪涝灾害，几乎都是由暴雨引起的，如1954年7月长江流域大洪涝、1963年8月河北洪水、1975年8月河南大水、1991年江淮大水、1998年长江全流域特大洪涝灾害等，都造成了严重的经济损失。

六、暴雨预警信号

暴雨预警信号分四级，分别以蓝色、黄色、橙色、红色表示。

（一）暴雨蓝色预警信号

图标：

标准：

12小时内降雨量将达50毫米以上，或者已达50毫米以上且降雨可能持续。

防御指南：

1. 政府及相关部门按照职责做好防暴雨准备工作；

2. 学校、幼儿园采取适当措施，保证学生和幼儿安全；

3. 驾驶人员应当注意道路积水和交通阻塞，确保安全；

4. 检查城市、农田、鱼塘排水系统，做好排涝准备。

（二）暴雨黄色预警信号

图标：   **标准：**

6小时内降雨量将达50毫米以上，或者已达50毫米以上且降雨可能持续。

防御指南：

1．政府及相关部门按照职责做好防暴雨工作；

2．交通管理部门应当根据路况在强降雨路段采取交通管制措施，在积水路段实行交通引导；

3．切断低洼地带有危险的室外电源，暂停在空旷地方的户外作业，转移危险地带人员和危房居民到安全场所避雨；

4．检查城市、农田、鱼塘排水系统，采取必要的排涝措施。

（三）暴雨橙色预警信号

图标：

标准：

3小时内降雨量将达50毫米以上，或者已达50毫米以上且降雨可能持续。

防御指南：

1．政府及相关部门按照职责做好防暴雨应急工作；

2．切断有危险的室外电源，暂停户外作业；

3．处于危险地带的单位应当停课、停业，采取专门措施保护已到校学生、幼儿和其他上班人员的安全；

4．做好城市、农田的排涝，注意防范可能引发的山洪、滑坡、泥石流等灾害。

（四）暴雨红色预警信号

图标：

标准：

3小时内降雨量将达100毫米以上，或者已达100毫米以上且降雨可能持续。

防御指南：

1．政府及相关部门按照职责做好防暴雨应急和抢险工作；

2．停止集会、停课、停业（除特殊行业外）；

3．做好山洪、滑坡、泥石流等灾害的防御和抢险工作。

七、暴雨应急预案

气象部门加强监测预报，及时发布暴雨预警信号及相关防御指引，适时加大预报时段密度。

防汛部门进入相应应急响应状态，组织开展洪水调度、堤防水库工程巡护查险、防汛抢险及灾害救助工作；会同地方人民政府组织转移危险地带以及居住在危房内的居民到安全场所避险。

民政部门负责受灾群众的紧急转移安置并提供基本生活救助。

教育部门根据防御指引、提示，通知幼儿园、托儿所、中小学和中等职业学校做好停课准备。

电力部门加强电力设施检查和电网运营监控，及时排除危险、排查故障。

公安、交通运输部门对积水地区实行交通引导或管制。

民航部门做好重要设施设备防洪防渍工作。

农业部门针对农业生产做好监测预警、落实防御措施，组织抗灾救灾和灾后恢复生产。

施工单位必要时暂停在空旷地方的户外作业。

　　相关应急处置部门和抢险单位随时准备启动抢险应急方案。

　　灾害发生后，民政、防汛、气象等部门按照有关规定进行灾情调查、收集、分析和评估工作。

拓展窗

暴雨的益处

（1）暴雨可以有效缓解旱情。

（2）暴雨可以改善环境，一些被污染河流的水质会因为暴雨冲刷而暂时改善。

三分钟动画带您更加直观了解暴雨，请扫二维码观看动画：

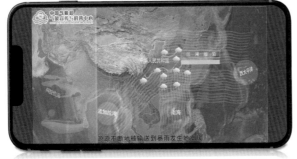

第三章 暴雪

一、暴雪的定义

降雪是指大量白色不透明的冰晶（雪晶）和其聚合物（雪团）组成的降水。暴雪是指24小时降雪量（融化成水）超过10毫米的降雪。

降雪等级划分

降雪等级	12 小时降水量（毫米）	24 小时降水量（毫米）
微量降雪（零星小雪）	< 0.1	< 0.1
小雪	0.1 ～ 0.9	0.1 ～ 2.4
中雪	1.0 ～ 2.9	2.5 ～ 4.9
大雪	3.0 ～ 5.9	5.0 ～ 9.9
暴雪	6.0 ～ 9.9	10.0 ～ 19.9
大暴雪	10.0 ～ 14.9	20.0 ～ 29.9
特大暴雪	≥ 15.0	≥ 30.0

二、降雪量、积雪深度、雪压

对降雪的观测是气象观测的常规项目，包括降雪量、积雪深度和雪压。这三个术语也常出现在天气预报中，用来表示雪下得有多大。

降雪量是指气象观测人员用标准容器将12小时或24小时内采集到的雪化成水后，测量得到的数值，以"毫米"为单位。

　　积雪深度是指积雪表面到地面的垂直深度，以"厘米"为单位。

　　雪压是指单位水平面上积雪的重量，单位为"千克/米²"。

　　雪的重量除了与雪本身的密度有关外，还与含水量的多少密切相关。因此，通常情况下南方和北方的雪压有所不同。

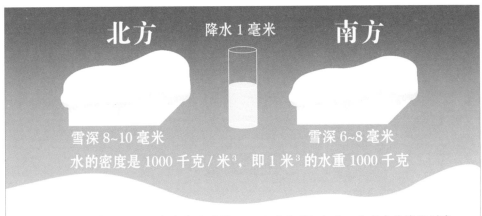

北方　　降水1毫米　　南方

雪深8~10毫米　　　　　雪深6~8毫米

水的密度是1000千克/米³，即1米³的水重1000千克

1米²面积上8～10毫米的降雪厚度融化成水相当于降水1毫米。因此，1米²面积上8～10毫米的积雪就重1千克。

1米²面积上6～8毫米的降雪厚度融化成水相当于降水1毫米。因此，1米²面积上6～8毫米的积雪就重1千克。

对比

同样厚度的雪，南方含水量较高的雪较北方的雪要重。另一方面，湿雪的黏性也要大一些，更易吸附在树枝、电线上，造成树枝折断、电线断裂或电线杆被拉倒，从而造成灾害发生。因此，南方雪湿、雪重，对建筑物、植物等产生的影响就会更大一些，更易造成建筑物倒塌和树木折倒。

三、雪灾的危害

大多数雪是无害的，只有在一定条件下才能致灾。常见的雪灾主要有四种。

（一）积雪

积雪，指在视野范围内有一半以上的面积被雪层覆盖，是一种常见的雪灾。深厚的积雪会使蔬菜大棚、房屋等被压垮，农作物、树木和通信、输电线路等被压断。道路被积雪掩埋，会导致公路、铁路交通中断。积雪还可能导致牲畜无法采食或采食困难，甚至大量死亡。在牧区，冬季草场积雪超过20厘米，羊群觅食困难；积雪超过30厘米时，马、牛群也会陷入采食困难。

（二）吹雪

吹雪，指由气流挟带起分散的雪粒在近地面运行的多相流。它是一种复杂的特殊流体，有较大的危害性。

依据雪粒的吹扬高度、强度及对能见度的影响，可将其分成两类，即低吹雪和高吹雪。

低吹雪指地面上的雪被气流吹起贴地运行，吹扬高度在视线以下，对水平能见度并无多大影响。

高吹雪指较强气流将地面雪卷起，吹扬高度达视线以上，水平能见度小于 10千米。

吹雪造成的低能见度会使行人迷失方向，交通中断，牧区草场被掩埋，畜群被吹散或死伤。吹雪对冬季的道路交通影响巨大，并有可能对生命、财产和社会生活造成灾难性的后果。

（三）雪暴

雪暴，俗称暴风雪，指大量的雪被强风卷着随风运行，并且不能判定当时是否有降雪，水平能见度小于1千米的天气现象。急骤的风雪使人睁不开眼睛、辨不清方向，严重的雪暴甚至能将大树拔起，将电杆刮断，将人畜吹倒卷走。

（四）雪崩

雪崩是指由于积雪重力不平衡，导致大规模滑塌，引起大量雪体崩塌。崩塌时速度可以达20～30米/秒。随着雪体的不断下降，速度也会突飞猛涨，雪崩速度极大时可达到97米/秒（风速为32.7米/秒的风已达12级）。

雪崩的特点是突然发生、运动速度快、破坏力大。

雪崩能摧毁大片森林，掩埋房舍、交通线路、通信设施和车辆，甚至能堵截河流，导致临时性涨水。同时，它还会引起山体滑坡、山崩和泥石流等可怕的灾害。因此，雪崩是积雪山区的一种严重自然灾害。

雪崩产生的原因主要是山坡积雪的稳定性遭到破坏。山坡上的积雪由于重力作用而蠕动速度快慢不一，积雪表层速度大，而积雪底层速度较小。上下蠕动速度的差异，易引发积雪层错落断裂。此外，气温变化也是使积雪稳定性减弱的原因之一。温度降低时，雪层表面体积收缩而形成裂缝。因此，春季气温回升，积雪层滑动断裂，易发生雪崩。

四、暴雪预警信号

暴雪预警信号分四级，分别以蓝色、黄色、橙色、红色表示。

（一）暴雪蓝色预警信号

图标： | **标准：**

12小时内降雪量将达4毫米以上，或者已达4毫米以上且降雪持续，可能对交通或者农牧业有影响。

防御指南：

1．政府及有关部门按照职责做好防雪灾和防冻害准备工作；

2．交通、铁路、电力、通信等部门应当进行道路、铁路、线路巡查维护，做好道路清扫和积雪融化工作；

3．行人注意防寒防滑，驾驶人员小心驾驶，车辆应当采取防滑措施；

4．农牧区和种养殖业要储备饲料，做好防雪灾和防冻害准备；

5．加固棚架等易被雪压的临时搭建物。

（二）暴雪黄色预警信号

图标：

标准：

12小时内降雪量将达6毫米以上，或者已达6毫米以上且降雪持续，可能对交通或者农牧业有影响。

防御指南：

1．政府及相关部门按照职责落实防雪灾和防冻害措施；

2．交通、铁路、电力、通信等部门应当加强道路、铁路、线路巡查维护，做好道路清扫和积雪融化工作；

3．行人注意防寒防滑，驾驶人员小心驾驶，车辆应当采取防滑措施；

4．农牧区和种养殖业要备足饲料，做好防雪灾和防冻害准备；

5．加固棚架等易被雪压的临时搭建物。

（三）暴雪橙色预警信号

图标：

标准：

6小时内降雪量将达10毫米以上，或者已达10毫米以上且降雪持续，可能或者已经对交通或者农牧业有较大影响。

防御指南：

1．政府及相关部门按照职责做好防雪灾和防冻害的应急工作；

2．交通、铁路、电力、通信等部门应当加强道路、铁路、线路巡查维护，做好道路清扫和积雪融化工作；

3．减少不必要的户外活动；

4．加固棚架等易被雪压的临时搭建物，将户外牲畜赶入棚圈喂养。

（四）暴雪红色预警信号

标准：

6小时内降雪量将达15毫米以上，或者已达15毫米以上且降雪持续，可能或者已经对交通或者农牧业有较大影响。

防御指南：

1．政府及相关部门按照职责做好防雪灾和防冻害的应急和抢险工作；

2．必要时停课、停业（除特殊行业外）；

3．必要时飞机暂停起降，火车暂停运行，高速公路暂时封闭；

4．做好牧区等救灾救济工作。

五、暴雪应急预案

气象部门加强监测预报，及时发布低温、雪灾、道路结冰等预警信号及相关防御指引，适时加大预报时段密度。

海洋部门密切关注渤海、黄海的海冰发生发展动态，及时发布海冰灾害预警信息。

公安部门加强交通秩序维护，注意指挥、疏导行驶车辆；必要时，关闭易发生交通事故的结冰路段。

电力部门注意电力调配及相关措施落实，加强电力设备巡查、养护，及时排查电力故障；做好电力设施设备覆冰应急处置工作。

交通运输部门提醒做好车辆防冻措施，提醒高速公路、高架道路车辆减速；会同有关部门根据积雪情况，及时组织力量或采取措施做好道路清扫和积雪融化工作。

民航部门做好机场除冰扫雪，航空器除冰，保障运行安全，做好运行计划调整和旅客安抚、安置工作，必要时关闭机场。

住房和城乡建设、水利等部门做好供水系统等防冻措施。

卫生部门采取措施保障医疗卫生服务正常开展，并组织做好伤员医疗救治和卫生防病工作。

住房和城乡建设部门加强危房检查，会同有关部门及时动员或组织撤离可能因雪压倒塌的房屋内的人员。

民政部门负责受灾群众的紧急转移安置，并为受灾群众和公路、铁路等滞留人员提供基本生活救助。

农业部门组织对农作物、畜牧业、水产养殖采取必要的防护措施。

相关应急处置部门和抢险单位随时准备启动抢险应急方案。

灾害发生后，民政、气象等部门按照有关规定进行灾情调查、收集、分析和评估工作。

拓展窗

雪的益处

（1）适当的降雪可以为土壤保温。

（2）雪水中蕴含很多氮化物，可以为土壤添肥。

（3）雪的融化需要从土壤里吸收很多热量，可以冻死害虫。

（4）降雪可以减少春旱的发生。

（5）雪花可以有效吸附空气中的颗粒物，净化空气。

趋利避害，防御暴雪，
请扫二维码观看动画：

第四章　寒潮

一、寒潮的定义

寒潮是指极地或高纬度地区的强冷空气大规模地向中、低纬度侵袭，造成大范围急剧降温和偏北大风的天气过程，有时还会伴有雨、雪和冰冻灾害。

《冷空气等级》国家标准（GB/T 20484—2017）中规定，某一地区日最低气温24小时内降温幅度大于或等于8 ℃，或48小时内降温幅度大于或等于10 ℃，或72小时内降温幅度大于或等于12 ℃，而且使该地日最低气温下降到4 ℃或以下，48小时、72小时内降温的日最低气温应连续下降，可认为寒潮发生。可见，并不是每一次冷空气南下都称为寒潮。

二、我国冷空气的源地与路径

我国位于欧亚大陆的东南部，北面是蒙古国和俄罗斯的西伯利亚。西伯利亚气候寒冷，其北面是极其严寒的北极，影响我国的冷空气主要来自这些地区。位于高纬度的北极和西伯利亚地区，常年受太阳光的斜射，地面接收到的太阳辐射很少。冬季，北冰洋地区气温经常在-20 ℃以下，最低时可达-70～-60 ℃，1月的平均气温常在-40 ℃以下。气温很低使得大气的密度大大增加，空气不断收缩下沉，使气压增高，这样便形成一个势力强大、深厚宽广的冷高压气团。当这个冷性高压势力增强到一定程度时，会在特定天气形势下沿着西风带和西北气流，向其东南方向气压相对低的我国境内快速地、暴发式地侵入和移动，给沿途地区带来强降温、强风和强降雪，当达到一定标准时，即为寒潮。每一次寒潮暴发后，西伯利亚的冷空气就要减少一部分，气压也随之降低。但经过一段时间后，冷空气又重新聚集堆积起来，孕育着新的寒潮的暴发。

（一）入侵我国的冷空气的主要源地

我国冷空气源地主要有三个。第一个位于新地岛（俄罗斯的一个群岛，位于北冰洋，介于巴伦支海和喀拉海之间）以西洋面上；第二个位于新地岛以东洋面上；第三个位于冰岛以南洋面上。其中95%的冷空气都要经过西伯利亚中部（70° E～90° E，43° N～65° N）地区，并在那里积累加强，所以该地区是寒潮关键区。

（二）冷空气入侵我国的主要路径

冷空气从寒潮关键区入侵我国的路径有三条，即西北路（中路）、东路、西路。

西北路（中路）： 冷空气从寒潮关键区经蒙古国到达我国河套附近，然后南下，直达长江中下游及江南地区。

东路： 冷空气从寒潮关键区经蒙古国到我国华北北部，在冷空气主力继续东移的同时，低空的冷空气折向西南，经渤海侵入华北，再从黄河下游向南可达两湖盆地。

西路： 冷空气从寒潮关键区经我国新疆、青海、西藏高原东侧南下，对我国西北、西南及江南各地区影响较大。

我国寒潮源地和路径示意图

三、寒潮的影响与危害

寒潮是一种大型天气过程，往往引发多种严重的气象灾害，对农业、牧业、交通、电力甚至人体健康都有较大影响。寒潮天气的影响广泛，造成的灾害也比较严重和多样化，因此应该对寒潮天气和灾害给予足够重视，提前预报并及时采取防御措施，减轻和避免灾害损失。

（一）对农业的影响

由于寒潮带来的降温幅度可以达到10℃甚至20℃以上，通常超过农作物的耐寒能力，易使农作物发生冻害。

（二）对电力和通信设施的影响

寒潮引发的冻雨会使输电和通信线路上积满雨淞，输电和通信线路积冰后遇冷收缩，加上风吹引起的震荡和雨淞重量的影响，线路会不胜重荷而被压断，几千米甚至几十千米的电线杆成排倾倒，造成输电、通信中断，严重影响当地生产生活。

（三）对交通的影响

寒潮伴随的大风、雨雪和降温天气会造成低能见度、地表结冰和路面积雪等现象，对公路、铁路交通安全带来较大的威胁。

寒潮所到之处，平均风速一般为15米/秒以上，并且持续时间较长。大风使起飞和着陆的飞机易发生轮胎破裂和起落架折断等事故。寒潮造成的低能见度、路面结冰和积雪也对飞机的起降有很大影响。

寒潮大风到达海上时，由于海面摩擦力小，风力一般可达7～8级，阵风甚至达到11或12级。海上的航运常常被迫停止，船只需进港避险。另外，寒潮大风可以造成海上风暴潮，形成数米高的巨浪，对海上船只有毁灭性的打击。

（四）对人体健康的影响

大风降温天气容易引发感冒、气管炎、冠心病、肺心病、中风、哮喘、心肌梗死、心绞痛、偏头痛等疾病，有时还会使患者的病情加重。

四、寒潮预警信号

寒潮预警信号分四级，分别以蓝色、黄色、橙色、红色表示。

（一）寒潮蓝色预警信号

图标：

标准：

48小时内最低气温将要下降8℃以上，最低气温小于或等于4℃，陆地平均风力可达5级以上；或者已经下降5℃以上，最低气温小于或等于4℃，平均风力达5级以上，并可能持续。

防御指南：

1．政府及有关部门按照职责做好防寒潮准备工作；

2．注意添衣保暖；

3．对热带作物、水产品采取一定的防护措施；

4．做好防风准备工作。

（二）寒潮黄色预警信号

图标：

标准：

24小时内最低气温将要下降10℃以上，最低气温小于或等于4℃，陆地平均风力可达6级以上；或者已经下降10℃以上，最低气温小于或等于4℃，平均风力达6级以上，并可能持续。

防御指南：

1．政府及有关部门按照职责做好防寒潮工作；

2．注意添衣保暖，照顾好老、弱、病人；

3．对牲畜、家禽和热带、亚热带水果及有关水产品、农作物等采取防寒措施；

4．做好防风工作。

（三）寒潮橙色预警信号

图标：

标准：

24小时内最低气温将要下降12℃以上，最低气温小于或等于0℃，陆地平均风力可达6级以上；或者已经下降12℃以上，最低气温小于或等于0℃，平均风力达6级以上，并可能持续。

防御指南：

1．政府及有关部门按照职责做好防寒潮应急工作；

2．注意防寒保暖；

3．农业、水产业、畜牧业等要积极采取防霜冻、冰冻等防寒措施，尽量减少损失；

4．做好防风工作。

（四）寒潮红色预警信号

图标：

标准：

24小时内最低气温将要下降16℃以上，最低气温小于或等于0℃，陆地平均风力可达6级以上；或者已经下降16℃以上，最低气温小于或等于0℃，平均风力达6级以上，并可能持续。

防御指南：

1．政府及相关部门按照职责做好防寒潮的应急和抢险工作；

2．注意防寒保暖；

3．农业、水产业、畜牧业等要积极采取防霜冻、冰冻等防寒措施，尽量减少损失；

4．做好防风工作。

五、寒潮应急预案

气象部门加强监测预报，及时发布寒潮预警信号及相关防御指引，适时加大预报时段密度；了解寒潮影响，进行综合分析和评估工作。

海洋部门密切关注管辖海域风暴潮、海浪和海冰发生发展动态，及时发布预警信息。

民政部门采取防寒救助措施，开放避寒场所；实施应急防寒保障，特别对贫困户、流浪人员等应采取紧急防寒防冻应对措施。

住房和城乡建设、林业等部门对树木、花卉等采取防寒措施。

农业、林业部门指导果农、菜农和畜牧水产养殖户采取一定的防寒和防风措施，做好牲畜、家禽和水生动物的防寒保暖工作。

卫生部门采取措施，加强低温寒潮相关疾病防御知识宣传教育，并组织做好医疗救治工作。

交通运输部门采取措施，提醒海上作业的船舶和人员做好防御工作，加强海上船舶航行安全监管。

相关应急处置部门和抢险单位随时准备启动抢险应急方案。

拓展窗

寒潮的益处

（1）受季风影响，我国冬季是枯水期，有些地方可能会发生旱情。寒潮常会带来大范围的雨雪天气，可以缓解旱情。

（2）寒潮带来的大风是宝贵的绿色动力资源。例如，在日本宫古岛风能发电站，寒潮期的发电效率是平时的1.5倍。

（3）寒潮带来的低温可以杀死潜伏在土壤中的害虫和病菌，或抑制它们的滋生，减轻来年的病虫害。

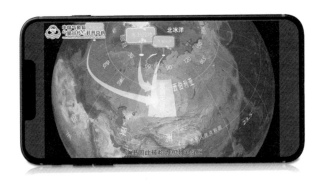

寒潮如何入侵我国？
请扫二维码观看动画：

第五章　大风

一、大风的定义

风是空气的流动现象，气象学中常指空气相对于地面的水平运动，它是一个同时具有大小和方向的量，分别用风速（或风力）和风向表示。

气象服务中，常用风力等级来表示风速的大小。风力是指风吹到物体上所表现出的力量的大小。根据国家标准《风力等级》（GB/T 28591—2012），风力等级依次划分为18个等级。

当瞬时风速≥17.2米/秒，即风力达到8级以上时，就称作大风。8级以上的大风对航运、高空作业等威胁很大。台风、冷空气影响和强对流天气发生时均可出现大风。大风可掀翻船只、拔起大树、吹落果实、折断电线杆、毁坏房屋和车辆，还能引起沿海的风暴潮，助长火灾等。

风力等级表

风级	名称	相当于空旷平地上标准高度10米处的风速（米/秒）	陆地物象	海面波浪	一般浪高（米）
0	静风	0～0.2	静，烟直上	平静	—
1	软风	0.3～1.5	烟示风向	微波峰无飞沫	0.1
2	轻风	1.6~3.3	感觉有风	小波峰未破碎	0.2
3	微风	3.4~5.4	旌旗展开	小波峰顶破裂	0.6
4	和风	5.5~7.9	吹起尘土	小浪白沫波峰	1.0
5	劲风	8.0~10.7	小树摇摆	中浪白沫峰群	2.0
6	强风	10.8~13.8	电线有声	大浪白沫离峰	3.0
7	疾风	13.9~17.1	步行困难	破峰白沫成条	4.0
8	大风	17.2~20.7	折毁树枝	浪长高有浪花	5.5
9	烈风	20.8～24.4	小损房屋	浪峰倒卷	7.0
10	狂风	24.5～28.4	拔起树木	海浪翻滚咆哮	9.0
11	暴风	28.5～32.6	损毁重大	波峰全呈飞沫	11.5
12	飓风	32.7～36.9	摧毁力极大	海浪滔天	14.0
13	—	37.0～41.4	—	—	—
14	—	41.5～46.1	—	—	—
15	—	46.2～50.9	—	—	—
16	—	51.0～56.0	—	—	—
17	—	56.1～61.2	—	—	—

小知识

风矢

风矢用来表示风，由风向杆和风羽组成。风向杆指出风的来向，常用的有8个方位，分别为北、东北、东、东南、南、西南、西、西北。风羽是指垂直在风向杆末端右侧（北半球）的短划线和小三角，用来表示风速，每条长划代表4米/秒，每条短划代表2米/秒，每个三角形代表20米/秒。

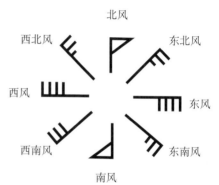

二、大风的形成条件

在我国，灾害性的大风常因气旋、冷空气、雷暴、飑线、龙卷等天气系统的活动所致。

（一）气旋

气旋是中心气压比四周低的水平旋涡，一般也称作低压。在北半球，气旋区域内空气做逆时针方向流动，在南半球则相反。由于气旋的中心气压较四周低，因此，气流从四面八方向中心涌入，引起大风。不断向中心汇聚的气流导致了上升运动，气流升至高空又向四周流出，促使低层大气不断地从四周向中心流入。因为气旋中心是垂直上升气流，所以气旋过境时，中心地区云量增多，常见阴雨天气。

我国全年都受温带气旋的影响，而夏秋季影响我国东南沿海地区的台风是热带气旋强烈发展的一种特殊形式。

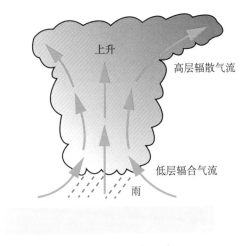

气旋中气流的垂直运动示意图

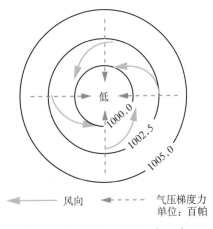

北半球气旋低层水平运动示意图

（二）冷空气

冷空气南下时，冷气团起主导作用，推动暖气团向南移动。冷气团和暖气团的交界面就是冷锋。冷锋是南下冷空气的前锋，是影响我国的最常见的天气系统。锋面两侧存在较大的气压差，会造成大风天气。冷锋过境时，气压陡升、气温骤降，风向顺转；冷锋过境后，气温下降，气压上升，天气多转晴好。

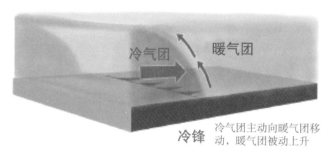

冷锋　冷气团主动向暖气团移动，暖气团被动上升

（三）雷暴

雷暴是伴有雷电、阵性降水、大风的天气，它产生在发展强烈的积雨云中。雷暴产生的大风具有明显的日变化，且历时短，多出现于午后气温上升最高的时候，一般历时数分钟至数十分钟，风区范围也较小，风向随积雨云底的移动而变化。

（四）飑线

飑线是指带状的雷暴群所构成的风向、风速突变的一种中小尺度强对流天气。雷暴群宽度由不及1千米至几千米，最宽至几十千米，长度一般几十千米至几百千米，维持时间几小时至十几小时。飑线出现非常突然。它出现前天气较好，多偏南风；出现后转偏西或偏北风，天气变坏。降水区多在飑线后。飑线后的风速一般为每秒十几米，强时可超过40米/秒。飑线过境时，风向突变，气压涌升、气温急降，狂风、雨雹交加，能造成严重的灾害。

（五）龙卷

龙卷是从积雨云中伸下的猛烈旋转的漏斗状云柱，它有时稍伸即隐，有时悬挂空中，有时触及地面。龙卷的尺度很小，中心气压很低，造成很大的水平气压梯度，从而导致强烈的风速，一般为50～150米/秒，最大可达200米/秒。龙卷的破坏性极强，可以拔起大树、掀翻车辆、摧毁建筑物，甚至把人卷走。

三、大风的影响与危害

（一）对农业的危害

大风对农作物的危害包括使其产生机械性损伤和生理损害两方面。机械性损伤是指作物折枝损叶、落花落果、授粉不良、倒伏、断根和落粒等。生理损害是指作物水分代谢失调，蒸腾加大，植株因失水而凋萎。北方早春的大风，常使树木发生风害，出现偏冠和偏心现象。

大风还会造成土壤风蚀、沙丘移动，进而毁坏农田。如果在干旱地区盲目垦荒，大风将导致土地沙漠化。大风还能传播病原体，高空风是黏虫、稻飞虱、稻纵卷叶螟、飞蝗等害虫长距离迁飞的气象条件，会造成植物病虫害蔓延。

（二）对畜牧业的危害

大风使牧草因失水而干枯，其产量和质量均会下降。大风对牧草的生理损害与大风对农作物的生理损害相同。

草原上的畜群遇上大风天气，正常采食会受到影响。连续多日的大风可使畜群的整体体质下降，抵抗疫病的能力降低。冬春季出现大风，幼弱牲畜因体热耗散大增，常拥挤成堆，有时会因挤压造成死亡。

（三）对环境的危害

大风会加剧其他自然灾害（干旱、雷雨、冰雹、盐渍化、荒漠化等）的危害程度。例如，大风能剥蚀土壤，加速土壤沙化，促使半固定沙丘活化和流动沙丘前移，导致荒漠化进程加快。雷雨时常伴随大风，瞬时风力可达9～10级，狂风暴雨往往会造成灾害。

（四）对生命财产和其他各行业的危害

大风会吹倒不牢固的建筑物、高空作业的吊车、广告牌、通信和电力设备、电线杆、树木等，造成财产损失和人员伤亡。

四、大风预警信号

大风（除台风外）预警信号分四级，分别以蓝色、黄色、橙色、红色表示。

（一）大风蓝色预警信号

图标：

标准：

24小时内可能受大风影响，平均风力可达6级以上，或者阵风7级以上；或者已经受大风影响，平均风力为6～7级，或者阵风7～8级并可能持续。

防御指南：

1. 政府及相关部门按照职责做好防大风工作；

2. 关好门窗，加固围板、棚架、广告牌等易被风吹动的搭建物，妥善安置易受大风影响的室外物品，遮盖建筑物资；

3. 相关水域水上作业和过往船舶采取积极的应对措施，如回港避风或者绕道航行等；

4．行人注意尽量少骑自行车，刮风时不要在广告牌、临时搭建物等下面逗留；

5．有关部门和单位注意森林、草原等防火。

（二）大风黄色预警信号

图标：

标准：

12小时内可能受大风影响，平均风力可达8级以上，或者阵风9级以上；或者已经受大风影响，平均风力为8～9级，或者阵风9～10级并可能持续。

防御指南：

1．政府及相关部门按照职责做好防大风工作；

2．停止露天活动和高空等户外危险作业，危险地带人员和危房居民尽量转到避风场所避风；

3．相关水域水上作业和过往船舶采取积极的应对措施，加固港口设施，防止船舶走锚、搁浅和碰撞；

4．切断户外危险电源，妥善安置易受大风影响的室外物品，遮盖建筑物资；

5．机场、高速公路等单位应当采取保障交通安全的措施，有关部门和单位注意森林、草原等防火。

（三）大风橙色预警信号

图标：

标准：

6小时内可能受大风影响，平均风力可达10级以上，或者阵风11级以上；或者已经受大风影响，平均风力为10～11级，或者阵风11～12级并可能持续。

防御指南：

1．政府及相关部门按照职责做好防大风应急工作；

2．房屋抗风能力较弱的中小学校和单位应当停课、停业，人员减少外出；

3．相关水域水上作业和过往船舶应当回港避风，加固港口设施，防止船舶走锚、搁浅和碰撞；

4．切断危险电源，妥善安置易受大风影响的室外物品，遮盖建筑物资；

5．机场、铁路、高速公路、水上交通等单位应当采取保障交通安全的措施，有关部门和单位注意森林、草原等防火。

（四）大风红色预警信号

图标：

标准：

6小时内可能受大风影响，平均风力可达12级以上，或者阵风13级以上；或者已经受大风影响，平均风力为12级以上，或者阵风13级以上并可能持续。

防御指南：

1．政府及相关部门按照职责做好防大风应急和抢险工作；

2．人员应当尽可能停留在防风安全的地方，不要随意外出；

3．回港避风的船舶要视情况采取积极措施，妥善安排人员留守或者转移到安全地带；

4．切断危险电源，妥善安置易受大风影响的室外物品，遮盖建筑物资；

5．机场、铁路、高速公路、水上交通等单位应当采取保障交通安全的措施，有关部门和单位注意森林、草原等防火。

五、大风应急预案

气象部门加强监测预报，及时发布台风、大风预警信号及相关防御指引，适时加大预报时段密度。

海洋部门密切关注管辖海域风暴潮和海浪发生发展动态，及时发布预警信息。

防汛部门根据风灾风险评估结果和预报的风力情况，与地方人民政府共同做好危险地带和防风能力不足的危房内居民的转移，安排其到安全避风场所避风。

民政部门负责受灾群众的紧急转移安置并提供基本生活救助。

住房和城乡建设部门采取措施，巡查、加固城市公共服务设施，督促有关单位加固门窗、围板、棚架、临时建筑物等，必要时可强行拆除存在安全隐患的露天广告牌等设施。

交通运输、农业部门督促指导港口、码头加固有关设施，督促所有船舶到安全场所避风，防止船只走锚造成碰撞和搁浅；督促运营单位暂停运营、妥善安置滞留旅客。

教育部门根据防御指引、提示，通知幼儿园、托儿所、中小学和中等职业学校做好停课准备；避免在突发大风时段上学放学。

住房和城乡建设、交通运输等部门通知高空、水上等户外作业单位做好防风准备，必要时采取停止作业措施，安排人员到安全避风场所避风。

民航部门做好航空器转场，重要设施设备防护、加固，做好运行计划调整和旅客安抚安置工作。

电力部门加强电力设施检查和电网运营监控，及时排除危险、排查故障。

农业部门根据不同风力情况发出预警通知，指导农业生产单位、农户和畜牧水产养殖户采取防风措施，减轻灾害损失；农业、林业部门密切关注大风等高火险天气形势，会同气象部门做好森林草原火险预报预警，指导开展火灾扑救工作。

各单位加强本责任区内检查，尽量避免或停止露天集体活动；居民委员会、村镇、小区、物业等部门及时通知居民妥善安置易受大风影响的室外物品。

相关应急处置部门和抢险单位随时准备启动抢险应急方案。

灾害发生后，民政、防汛、气象等部门按照有关规定进行灾情调查、收集、分析和评估工作。

拓展窗

风的益处

（1）流动的风可以调节空气的温度和湿度，还能把云和雨送到遥远的地方，完善地球上的水循环。

（2）风有利于吹散空气中的污染物，促进空气净化，帮助消除雾和霾。

（3）风能资源分布广泛，绿色清洁，取之不尽。

（4）适度的风可以改善农田环境。风会让空气中的二氧化碳、氧气、热量等进行输送和交换，为农作物生长创造条件。植物的授粉和种子的传播也离不开风的作用。

壮阔实景结合形象动画，为您详解大风，请扫二维码观看动画：

第六章　沙尘暴

一、沙尘暴的定义

沙尘天气是指风将地面尘土、沙粒卷入空中，使空气混浊的天气现象的统称。沙尘天气是影响我国北方地区的主要灾害性天气之一。

根据国家标准《沙尘天气等级》（GB/T 20480—2017），沙尘天气分为浮尘、扬沙、沙尘暴、强沙尘暴和特强沙尘暴五类。

浮尘： 无风或风力≤3级，沙粒和尘土飘浮在空中使空气变得混浊，水平能见度＜10千米。

扬沙： 风将地面沙粒和尘土吹起使空气相当混浊，水平能见度在1～10千米以内。

沙尘暴： 风将地面沙粒和尘土吹起使空气很混浊，水平能见度＜1千米。

强沙尘暴： 风将地面沙粒和尘土吹起使空气非常浑浊，水平能见度＜500米。

特强沙尘暴： 风将地面沙粒和尘土吹起，使空气特别混浊，水平能见度＜50米。

二、我国沙尘暴源区

影响我国的沙尘暴源区，可分为境内源区和境外源区。

境外源区位于蒙古国东南部戈壁荒漠区和哈萨克斯坦东南部荒漠区。

境内源区位于内蒙古东部的浑善达克沙地中西部、阿拉善盟中蒙边境地区（巴丹吉林沙漠）、新疆南疆的塔克拉玛干沙漠和北疆的库尔班通古特沙漠。

三、沙尘暴的形成条件

沙尘暴形成的主要条件是有利于产生大风或强风的天气形势、有利的沙尘源分布和有利的空气不稳定条件。

强风是沙尘暴产生的动力，沙尘源是沙尘暴的物质基础，不稳定的热力条件有利于风力加大、强对流发展，从而挟带更多的沙尘，并卷扬得更高。

干旱少雨、气温偏高是沙尘天气形成的天气气候背景。乱垦、滥牧、过度樵采，使植被遭受破坏、土壤裸露、土地沙化迅速扩展，是沙尘天气形成的人为原因。

四、沙尘暴的影响与危害

沙尘暴是出现在我国西北地区和华北北部地区的

强灾害性天气，可造成水平能见度低、强风、土壤风蚀和大气污染等，给国民经济建设和人民生命财产安全带来严重的损失和极大的危害。

水平能见度低：吹起的沙尘造成水平能见度低，严重影响交通安全。

强风：携带细沙粉尘的强风摧毁建筑物及公用设施，造成人畜伤亡。

土壤风蚀：每次沙尘暴的沙尘源区和影响区都会受到不同程度的风蚀危害，风蚀深度可达1～10厘米。据估计，我国每年由沙尘暴造成的土壤细粒物质流失高达10^6～10^7吨，其中绝大部分粒径在10微米以下，对源区农田和草场的土地生产力造成严重破坏。

大气污染：在沙尘暴源地和影响区，大气中的可吸入颗粒物增加，大气污染加剧，威胁人类的健康。

五、沙尘暴预警信号

沙尘暴预警信号分三级，分别以黄色、橙色、红色表示。

（一）沙尘暴黄色预警信号

图标：

标准：

12小时内可能出现沙尘暴天气（能见度小于1000米），或者已经出现沙尘暴天气并可能持续。

防御指南：

1．政府及相关部门按照职责做好防沙尘暴工作；

2．关好门窗，加固围板、棚架、广告牌等易被风吹动的搭建物，妥善安置易受大风影响的室外物品，遮盖建筑物资，做好精密仪器的密封工作；

3．注意携带口罩、纱巾等防尘用品，以免沙尘对眼睛和呼吸道造成损伤；

4．呼吸道疾病患者、对风沙较敏感人员不要到室外活动。

（二）沙尘暴橙色预警信号

图标：

标准：

6小时内可能出现强沙尘暴天气（能见度小于500米），或者已经出现强沙尘暴天气并可能持续。

防御指南：

1．政府及相关部门按照职责做好防沙尘暴应急工作；

2．停止露天活动和高空、水上等户外危险作业；

3．机场、铁路、高速公路等单位做好交通安全的防护措施，驾驶人员注意沙尘暴变化，小心驾驶；

4．行人注意尽量少骑自行车，户外人员应当戴好口罩、纱巾等防尘用品，注意交通安全。

（三）沙尘暴红色预警信号

图标：

标准：

6小时内可能出现特强沙尘暴天气（能见度小于50米），或者已经出现特强沙尘暴天气并可能持续。

防御指南：

1．政府及相关部门按照职责做好防沙尘暴应急抢险工作；

2．人员应当留在防风、防尘的地方，不要在户外活动；

3．学校、幼儿园推迟上学或者放学，直至特强沙尘暴结束；

4．飞机暂停起降，火车暂停运行，高速公路暂时封闭。

六、沙尘暴应急预案

气象部门加强监测预报，及时发布沙尘暴预警信号及相关防御指引，适时加大预报时段密度；了解沙尘影响，进行综合分析和评估工作。

农业部门指导农牧业生产自救，采取应急措施帮助受沙尘影响的灾区恢复农牧业生产。

环境保护部门加强对沙尘暴发生时大气环境质量状况监测，为灾害应急提供服务。

交通运输、民航、铁道部门采取应急措施，保证沙尘暴天气状况下的运输安全。

民政部门采取应急措施，做好救灾人员和物资准备。

相关应急处置部门和抢险单位随时准备启动抢险应急方案。

拓展窗

沙尘的益处

（1）沙尘在降落过程中可以通过吸附作用带走一定量的工业烟尘和汽车尾气中的氮氧化物、二氧化硫等有害物，从而过滤空气，改善空气质量。

（2）沙尘中的碱性阳离子可以中和空气中形成酸雨的酸性物质，使我国北方少受酸雨的危害。

（3）沙尘挟带着土壤里的养分，可以肥沃土地。

（4）沙尘可以在风的带领下漂洋过海，沙尘中蕴含的氮、磷等是浮游植物的美餐。而小鱼、小虾吃浮游植物，大鱼吃小鱼……因此，沙尘也是海洋生物重要的营养来源。

动辄遮天蔽日的沙尘暴背后有哪些科学原理，请扫二维码观看动画：

第七章　高温

一、高温的定义

高温是指日最高气温达到或超过35 ℃的天气。高温热浪是指高温持续时间较长，引起人、动物以及植物不能适应环境的一种气象灾害。

目前国际上还没有统一的高温热浪标准，许多国家和地区针对各区域气候特征差异制定了各自不同的标准。我国将连续3天以上最高气温达到35 ℃及以上，或连续2天最高气温达到35 ℃及以上并有1天最高气温达到38 ℃及以上的天气过程称为高温热浪。世界气象组织建议，日最高气温高于32 ℃，且持续3天以上的天气过程为高温热浪。荷兰皇家气象研究所规定，日最高气温高于25 ℃且持续5天以上（其间至少有3天高于30 ℃）的天气过程为高温热浪。

小知识

气温和体感温度的区别

天气预报中的气温是指1.5米高处百叶箱中空气的温度，体感温度是指人体感受到的空气温度。

体感温度受多种因素影响，但主要有四项。一是气温，即空气的温度。二是湿度，若气温比较高，但湿度比较小，人会因体表的水分蒸发散热而感觉比较干爽。三是风速，一定的风速会使人感觉到空气在流动，身体散发出的热量易被吹离体表，即使温度较高，但仍会感觉比较凉爽。四是辐射，太阳直接照射到人身上会使人体温度升高，如果在树荫底下或遮阳棚下，感觉就完全不一样。一般阴天与晴天人的体感温度相差4~6℃，甚至更大。地表辐射也是如此，地表温度高，向外散射的热量大，如处在太阳照射下的水泥地面与处在比较凉爽的水体或是湿地附近，体感温度也大不一样。

二、高温的影响与危害

高温对人们日常生活和身体健康以及各行各业都有一定的影响。

高温热浪使人体感到不适，工作效率低，中暑、肠道疾病和心脑血管疾病等的发病率增多。

因用于防暑降温的水电需求量猛增，造成水电供应紧张，故障频发。

高温加剧土壤水分蒸发和作物蒸腾作用，高温少雨同时出现时，造成土壤失墒严重，加速旱情的发展，给农业生产造成较大影响。

　　持续高温少雨还易引发火灾，而森林火灾又会对生态环境造成破坏。

　　旅游、交通、建筑等行业也会受到不同程度的影响，但高温热浪同时也会给一些生产、销售防暑降温用品及设备的厂家和商家带来商机。

三、高温预警信号

高温预警信号分三级，分别以黄色、橙色、红色表示。

（一）高温黄色预警信号

图标：	标准：
	连续3天日最高气温将在35℃以上。

防御指南：

1．有关部门和单位按照职责做好防暑降温准备工作；

2．午后尽量减少户外活动；

3．对老、弱、病、幼人群提供防暑降温指导；

4．高温条件下作业和白天需要长时间进行户外露天作业的人员应当采取必要的防护措施。

（二）高温橙色预警信号

图标：	标准：
	24小时内最高气温将升至37℃以上。

防御指南：

1．有关部门和单位按照职责落实防暑降温保障措施；

2．尽量避免在高温时段进行户外活动，高温条件下作业的人员应当缩短连续工作时间；

3．对老、弱、病、幼人群提供防暑降温指导，并采取必要的防护措施；

4．有关部门和单位应当注意防范因用电量过高，以及电线、变压器等电力负载过大而引发的火灾。

（三）高温红色预警信号

图标：	标准：
	24小时内最高气温将升至40℃以上。

防御指南：

1．有关部门和单位按照职责采取防暑降温应急措施；

2．停止户外露天作业（除特殊行业外）；

3．对老、弱、病、幼人群采取保护措施；

4．有关部门和单位要特别注意防火。

四、高温应急预案

气象部门加强监测预报，及时发布高温预警信号及相关防御指引，适时加大预报时段密度；了解高温影响，进行综合分析和评估工作。

电力部门注意高温期间的电力调配及相关措施落实，保证居民和重要电力用户用电，根据高温期间电力安全生产情况和电力供需情况，制订拉闸限电方案，必要时依据方案执行拉闸限电措施；加强电力设备巡查、养护，及时排查电力故障。

住房和城乡建设、水利等部门做好用水安排，协调上游水源，保证群众生活生产用水。

建筑、户外施工单位做好户外和高温作业人员的防暑工作，必要时调整作息时间，或采取停止作业措施。

公安部门做好交通安全管理，提醒车辆减速，防止因高温产生爆胎等事故。

卫生部门采取积极应对措施，应对可能出现的高温中暑事件。

农业、林业部门指导紧急预防高温对农、林、畜牧、水产养殖业的影响。

相关应急处置部门和抢险单位随时准备启动抢险应急方案。

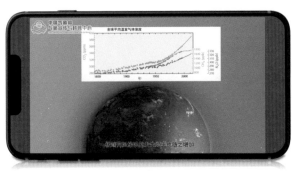

不只是热，高温危害不可小觑，请扫二维码观看动画：

第八章 干旱

一、干旱的定义

干旱是指因水分收支或供求不平衡而形成的持续水分短缺现象。

从科学的角度看，干旱和干旱灾害是两个不同的概念。干旱灾害是指在较长的时期内，因降水量严重不足，致使土壤因蒸发而水分亏损，河川流量减少，使作物生长和人类活动受到较大危害的现象。干旱灾害属于偶发性的自然灾害，在干旱、半干旱气候区和湿润、半湿润气候区都有可能发生。尤其是在干旱、半干旱气候区，由于降水量的年际变化特别大，降水显著偏少的年份较多，干旱灾害发生频率高。

二、干旱的种类

气象干旱指某时段内，由于蒸发量和降水量的收支不平衡，水分支出大于水分收入而造成的水分短缺现象。气象干旱通常主要以降水的短缺作为指标。

农业干旱是指在农作物生长发育过程中，因降水不足、土壤含水量过低和作物得不到适时适量的灌溉，致使供水不能满足农作物的正常需求，而造成农作物减产。农业干旱通常以土壤湿度作为指标。

水文干旱通常用河道径流量、水库蓄水量和地下水位值等来定义，是指河川径流低于其正常值或含水层水位低落的现象，其主要特征是在特定面积、特定时段内可利用水量的短缺。

社会经济干旱是指自然系统与人类经济系统中，水资源供需不平衡而造成的水资源短缺现象。

小知识

伏旱

在伏天时出现的干旱，称为伏（夏）旱。它属于季风区灾害性气候，主要发生在中国长江流域及江南地区，特别是湖北、湖南、江西、江苏、安徽等地。伏旱对农业生产有很大影响，同时还影响工矿业用水、生活用水和航运业。此外，干旱缺水还会引发疾病，危害人、畜健康。

卡脖旱

"卡脖旱"是玉米等旱作物孕穗期遭受干旱危害的群众用语。玉米抽雄前后1个月是需水临界期，对水分特别敏感。若此时缺水，则玉米幼穗发育不好，果穗小，籽粒少。干旱导致雄穗或雌穗抽不出来，似玉米被卡住了脖子，故名卡脖旱。有时干旱也会导致雄雌穗间隔期太长，授粉不良，结实率低，产量下降。

三、气象干旱的等级

国家标准《气象干旱等级》（GB/T 20481—2017）中规定了5种监测干旱的单项指标和一个气象干旱综合指数。5种单项指标为：降水量距平百分率、相对湿润度指数、标准化降水指数、标准化降水蒸散指数和帕默尔干旱指数。气象干旱综合指数是综合考虑前期不同时间段降水和蒸散对当前干旱的影响而构建的一种干旱指数。根据气象干旱综合指数（MCI），气象干旱划分为5个等级。

气象干旱综合指数等级的划分表

等级	类型	MCI	干旱影响程度
1	无旱	$-0.5 < \text{MCI}$	地表湿润，作物水分供应充足；地表水资源充足，能满足人们生产、生活需要
2	轻旱	$-1.0 < \text{MCI} \leqslant -0.5$	地表空气干燥，土壤出现水分轻度不足，作物轻微缺水，叶色不正；水资源出现短缺，但对生产、生活影响不大
3	中旱	$-1.5 < \text{MCI} \leqslant -1.0$	土壤表面干燥，土壤出现水分不足，作物叶片出现萎蔫现象；水资源短缺，对生产、生活造成影响
4	重旱	$-2.0 < \text{MCI} \leqslant -1.5$	土壤水分持续严重不足，出现干土层（1~10厘米），作物出现枯死现象；河流出现断流，水资源严重不足，对生产、生活造成较重影响
5	特旱	$\text{MCI} \leqslant -2.0$	土壤水分持续严重不足，出现较厚干土层（>10厘米），作物出现大面积枯死；多条河流出现断流，水资源严重不足，对生产、生活造成严重影响

四、干旱的影响与危害

（一）对农牧业生产的影响

气象条件影响农作物和牧草的分布、生长发育、产量及品质的形成，而水分条件是决定农牧业发展状况的主要条件。干旱会造成粮食减产，使牧草品质下降，畜产品受到影响。

（二）对生态环境的影响

干旱会造成湖泊、河流水位下降，甚至干涸和断流；导致草场植被退化，加剧土地荒漠化进程，加剧水资源短缺。同时，干旱还易引发森林及草原火灾和作物病虫害。

（三）对经济社会的影响

因干旱造成的粮食减产会影响食品加工等行业的正常运行。受干旱影响，各种农产品产量下降，继而造成市场物价波动，甚至影响到整个社会的稳定。

五、干旱预警信号

干旱预警信号分二级，分别以橙色、红色表示。干旱指标等级划分，以国家标准《气象干旱等级》（GB/T 20481—2006）中的综合气象干旱指数为标准。

（一）干旱橙色预警信号

图标：

标准：

预计未来一周综合气象干旱指数达到重旱（气象干旱为25～50年一遇），或者某一县（区）有40％以上的农作物受旱。

防御指南：

1．有关部门和单位按照职责做好防御干旱的应急工作；

2．有关部门启用应急备用水源，调度辖区内一切可用水源，优先保障城乡居民生活用水和牲畜饮水；

3．压减城镇供水指标，优先经济作物灌溉用水，限制大量农业灌溉用水；

4．限制非生产性高耗水及服务业用水，限制排放工业污水；

5．气象部门适时进行人工增雨作业。

（二）干旱红色预警信号

图标：

标准：

预计未来一周综合气象干旱指数达到特旱（气象干旱为50年以上一遇），或者某一县（区）有60％以上的农作物受旱。

防御指南：

1．有关部门和单位按照职责做好防御干旱的应急和救灾工作；

2．各级政府和有关部门启动远距离调水等应急供水方案，采取提外水、打深井、车载送水等多种手段，确保城乡居民生活和牲畜饮水；

3．限时或者限量供应城镇居民生活用水，缩小或者阶段性停止农业灌溉供水；

4．严禁非生产性高耗水及服务业用水，暂停排放工业污水；

5．气象部门适时加大人工增雨作业力度。

六、干旱应急预案

气象部门加强监测预报，及时发布干旱预警信号及相关防御指引，适时加大预报时段密度；了解干旱影响，进行综合分析；适时组织人工影响天气作业，减轻干旱影响。

农业、林业部门指导农牧户、林业生产单位采取管理和技术措施，减轻干旱影响；加强监控，做好森林草原火灾预防和扑救准备工作。

水利部门加强旱情、墒情监测分析，合理调度水源，组织实施抗旱减灾等方面的工作。

卫生部门采取措施，防范和应对旱灾导致的食品和饮用水卫生安全问题所引发的突发公共卫生事件。

民政部门采取应急措施，做好救灾人员和物资准备，并负责因旱缺水缺粮群众的基本生活救助。

相关应急处置部门和抢险单位随时准备启动抢险应急方案。

应该如何应对干旱，
请扫二维码观看动画：

第九章　雷电

一、雷电的定义

雷电是在雷暴天气条件下发生的伴有闪电和雷鸣的一种放电现象。雷电产生于对流发展旺盛的积雨云中，常伴有强烈的阵风和暴雨，有时还伴有冰雹或龙卷。

（一）闪电现象

积雨云顶部一般较高，可达20千米，云的上部常有冰晶。云中水滴、冰晶和霰粒（俗称雪子）在重力和强烈上升气流共同作用下，不断发生碰撞摩擦而产生电荷。云的上部以正电荷为主，下部以负电荷为主。云的上、下部之间形成一个电位差，当电位差达到一定程度后，就会产生放电。

（二）雷鸣现象

放电过程中，由于闪电通道中温度骤增，使空气体积急剧膨胀，从而产生冲击波，导致强烈的雷鸣。

二、雷电的种类

雷电分为云地闪、云际闪和云内闪，其中云地闪会对人类、动植物和建筑物造成危害，其他类型的雷电会对飞行器造成危害。雷电感应（电磁脉冲）主要影响电子设备。

云内闪

云际闪

云地闪

三、雷电的危害

我国是雷电灾害频繁发生的地区之一，每年发生的雷电灾害都造成了严重的人员伤亡和巨大的经济损失。

雷电发生时产生的电流是主要的破坏源，其造成的危害有直接破坏、由感应和架空线引导的侵入雷击（如各种照明、通信等设施使用的架空线都可能把雷电引入室内）等。

雷电对人体的伤害，有电流的直接作用和超压或动力作用，以及高温作用。当人遭受雷击的一瞬间，电流迅速通过人体，重者可导致心跳、呼吸停止，脑组织缺氧而死亡。雷击时产生的电火花，也会造成不同程度的皮肤烧灼伤。雷击伤亦可使人体出现树枝状雷击纹，表皮剥脱，皮内出血，也能造成耳鼓膜或内脏破裂等。

小知识

避雷针的原理

雷雨天气来临时，高楼上空出现带电云层，避雷针和高楼顶部都被感应上大量电荷。避雷针针头是尖的，所以静电感应时，避雷针的尖端就聚集了大部分电荷。避雷针与这些带电云层形成了一个电容器，由于它较尖，即这个电容器的两极板正对面积很小，电容也就很小，也就是说它所能容纳的电荷很少，而它又聚集了大量电荷，所以当云层上电荷较多时，避雷针与云层之间的空气就很容易被击穿，成为导体。这样，带电云层与避雷针形成通路，避雷针又是接地的，因此，避雷针就可以把云层上的电荷导入大地，使其不对高层建筑构成危险，保证了它的安全。显然，要使避雷针起作用，必须保证其尖端的尖锐和接地通路的良好。一个接地通路损坏的避雷针不仅不能保护建筑物的安全，反而可能"引雷入室"，使建筑物遭受更大的破坏。

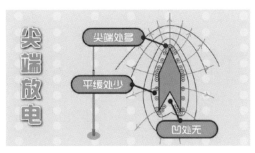

带电导体的电荷分布与其表面的形状有关

四、雷电预警信号

雷电预警信号分三级，分别以黄色、橙色、红色表示。

（一）雷电黄色预警信号

图标：

标准：

6小时内可能发生雷电活动，可能会造成雷电灾害事故。

防御指南：

1．政府及相关部门按照职责做好防雷工作；

2．密切关注天气，尽量避免户外活动。

（二）雷电橙色预警信号

图标：

标准：

2小时内发生雷电活动的可能性很大，或者已经受雷电活动影响，且可能持续，出现雷电灾害事故的可能性比较大。

防御指南：

1．政府及相关部门按照职责落实防雷应急措施；

2．人员应当留在室内，并关好门窗；

3．户外人员应当躲入有防雷设施的建筑物或者汽车内；

4．切断危险电源，不要在树下、电杆下、塔吊下避雨；

5．在空旷场地不要打伞，不要把农具、羽毛球拍、高尔夫球杆等扛在肩上。

（三）雷电红色预警信号

图标：	**标准：**
	2小时内发生雷电活动的可能性非常大，或者已经有强烈的雷电活动发生，且可能持续，出现雷电灾害事故的可能性非常大。

防御指南：

1．政府及相关部门按照职责做好防雷应急抢险工作；

2．人员应当尽量躲入有防雷设施的建筑物或者汽车内，并关好门窗；

3．切勿接触天线、水管、铁丝网、金属门窗、建筑物外墙，远离电线等带电设备和其他类似金属装置；

4．尽量不要使用无防雷装置或者防雷装置不完备的电视、电话等电器；

5．密切注意雷电预警信息的发布。

五、雷电应急预案

气象部门加强监测预报，及时发布雷雨大风、冰雹预警信号及相关防御指引，适时加大预报时段密度；灾害发生后，有关防雷技术人员及时赶赴现场，做好雷击灾情的应急处置、分析评估工作，并为其他部门处置雷电灾害提供技术指导。

住房和城乡建设部门提醒、督促施工单位必要时暂停户外作业。

电力部门加强电力设施检查和电网运营监控，及时排除危险、排查故障。

民航部门做好雷电防护，保障运行安全，做好运行计划调整和旅客安抚安置工作。

农业部门针对农业生产做好监测预警、落实防御措施，组织抗灾救灾和灾后恢复生产。

各单位加强本责任范围内检查，停止集体露天活动；居民委员会、村镇、小区、物业等部门提醒居民尽量减少户外活动和采取适当防护措施，减少使用电器。

相关应急处置部门和抢险单位随时准备启动抢险应急方案。

拓展窗

雷电的益处

（1）制造化肥。雷电发生时，空气中的氮和氧会被电离、化合，形成易被植物吸收的氮肥。

（2）制造负氧离子。雷雨后，空气中高浓度的负氧离子会起到消毒杀菌作用。

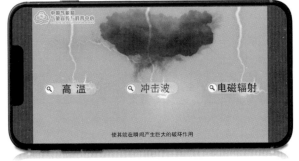

惊雷势欲拔三山，急雨声如倒百川，雷电为何有如此大的威力，请扫二维码观看动画：

第十章　冰雹

一、冰雹的定义

冰雹是一种固态降水物，系圆球形、圆锥形或形状不规则的冰块，一般从积雨云中降下，春、夏、秋三季均可发生。冰雹直径一般为5～50毫米，最大的可达10厘米以上。一般情况下，冰雹的直径越大，破坏力就越大。冰雹常砸坏庄稼，威胁人畜安全。雹灾是一种较严重的自然灾害。

雹块中有一个可以分辨出来的生长中心，叫作"雹胚"，常为白色不透明的，但也有透明的。雹胚外包有透明冰层或者由透明冰层和不透明冰层相间，一般有4～5层，最多可达20多层。有的雹块表面光滑，有的带疙瘩。

二、冰雹的形成过程

冰雹诞生在发展强盛的积雨云中，这种云称为冰雹云。冰雹云是由水滴、冰晶和雪花组成的，一般分为3层：最下面一层温度在0℃以上，由水滴组成；中间层温度为-20～0℃，由过冷却水滴、冰晶和雪花组成；最上面一层温度在-20℃以下，基本上由冰晶和雪花组成。

在冰雹云中，上升气流变化无常，时强时弱。当上升气流比较强时，它把云下部的水滴带到云的中上层，水滴便很快变冷，凝固成小冰晶。小冰晶在下降过程中，跟过冷水滴碰撞后，就在小冰晶身上冻结成为一层不透明的冰核，这就形成了冰雹胚胎。由于冰雹云中气流升降变化很剧烈，冰雹胚胎也就这样一次又一次地在空中上下翻滚着，附着更多的过冷水滴，好像滚雪球似的，越滚越大。一旦滚成大的冰雹，重得云中上升气流托不住时，它就一落千丈，从空中摔下来，成了通常百姓所说的"下雹"了。冰雹云中气流是很强盛的，强烈的上升气流不仅给冰雹云输送了充足的水汽，而且支撑冰雹粒子在云中不断增长，使它长到相当大才降落下来。

因此，冰雹形成需要以下条件：

（1）大气中必须有相当厚的不稳定层存在。

（2）积雨云必须发展到能使个别大水滴冻结的高度（一般认为温度达-16～-12℃）。

（3）要有强的风切变。

（4）云的垂直厚度不能小于6～8千米。

（5）积雨云内含水量丰富，一般为3～8克/米^3，在最大上升速度的上方有一个液态过冷却水的累积带。

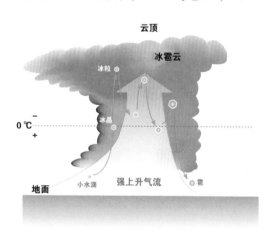

冰雹形成过程示意图

（6）云内应有倾斜的、强烈而不均匀的上升气流，一般在10～20米/秒。

三、冰雹的特征

局地性强：每次冰雹的影响范围一般宽约几十米到数千米，长约数百米到十几千米。

历时短：一次降雹时间一般只有2～10分钟，少数可达到30分钟以上。

地形影响显著：地形越复杂，冰雹越易发生。

年际变化大：在同一地区，有的年份连续发生多次，有的年份发生次数很少，甚至不发生。

发生区域广：从亚热带到温带的广大气候区内均可发生，但以温带地区发生次数居多。

四、冰雹的分级

根据一次降雹过程中，大多数冰雹的直径、降雹累计时间和积雹厚度，可将冰雹分为3级。

轻雹：多数冰雹直径不超过0.5厘米，累计降雹时间不超过10分钟，地面积雹厚度不超过2厘米。

中雹：多数冰雹直径在0.5～2厘米，累计降雹时间10～30分钟，地面积雹厚度为2～5厘米。

重雹：多数冰雹直径在2厘米以上，累计降雹时间达30分钟以上，地面积雹厚度达5厘米以上。

五、冰雹的危害

冰雹是我国主要的灾害性天气之一，它虽然出现的范围较小、时间较短，但来势猛、强度大，并常常伴随着狂风暴雨、急剧降温等阵发性灾害性天气过程。

在农业方面，冰雹对农作物的危害是很大的，严重时可造成农作物绝收。如果果树林木遭到雹灾，当年和以后的生长均受影响。冰雹对交通运输、房屋建筑、工业、通信、电力，以及人畜安全等方面也都有不同程度的危害。据统计，我国每年因冰雹造成的经济损失达几亿元甚至几十亿元。

六、冰雹预警信号

冰雹预警信号分二级，分别以橙色、红色表示。

（一）冰雹橙色预警信号

图标：　｜　**标准：**

6小时内可能出现冰雹天气，并可能造成雹灾。

防御指南：

1．政府及相关部门按照职责做好防冰雹的应急工作；

2．气象部门做好人工防雹作业准备并择机进行作业；

3．户外行人立即到安全的地方暂避；

4．驱赶家禽、牲畜进入有顶棚的场所，妥善保护易受冰雹袭击的汽车等室外物品或者设备；

5．注意防御冰雹天气伴随的雷电灾害。

（二）冰雹红色预警信号

图标： | **标准：**

2小时内出现冰雹可能性极大，并可能造成重雹灾。

防御指南：

1．政府及相关部门按照职责做好防冰雹的应急和抢险工作；

2．气象部门适时开展人工防雹作业；

3．户外行人立即到安全的地方暂避；

4．驱赶家禽、牲畜进入有顶棚的场所，妥善保护易受冰雹袭击的汽车等室外物品或者设备；

5．注意防御冰雹天气伴随的雷电灾害。

七、冰雹应急预案

气象部门加强监测预报，及时发布雷雨大风、冰雹预警信号及相关防御指引，适时加大预报时段密度；灾害发生后，有关防雷技术人员及时赶赴现场，做好雷击灾情的应急处置、分析评估工作，并为其他部门处置雷电灾害提供技术指导。

住房和城乡建设部门提醒、督促施工单位必要时暂停户外作业。

电力部门加强电力设施检查和电网运营监控，及时排除危险、排查故障。

民航部门做好雷电防护，保障运行安全，做好运行计划调整和旅客安抚安置工作。

农业部门针对农业生产做好监测预警、落实防御措施，组织抗灾救灾和灾后恢复生产。

各单位加强本责任范围内检查，停止集体露天活动；居民委员会、村镇、小区、物业等部门提醒居民尽量减少户外活动和采取适当防护措施，减少使用电器。

相关应急处置部门和抢险单位随时准备启动抢险应急方案。

冰雹到底怎么防？
请扫二维码观看动画：

第十一章　霜冻

一、霜冻的定义

霜是指近地面空气中水汽直接凝华在温度低于0 ℃的地面上或近地面物体上而形成的白色冰晶。霜本身对农作物并无直接影响，但结霜时的低温却会引起农作物冻害。

霜冻与霜有根本的区别。霜冻是生长季节里因气温降到0 ℃以下而使植物受害的一种农业气象灾害，多出现在春秋转换季节。出现霜冻时，往往伴有霜，也可不伴有霜，不伴有霜的霜冻被称为"黑霜"或"杀霜"。

小知识

霜的形成条件

霜通常出现在无云、静风或微风的夜晚和清晨。当夜间地面温度低于0 ℃，并且具备以下三个条件时，便可能出现霜。

一是适量的水汽。水汽是成霜的关键。如果空气湿度过大，水汽凝华时放出的热量将使周围温度升高，从而影响水汽凝华。如果水汽过少，大气中的水汽达不到饱和，当然也无法成霜。

二是晴朗的天气。云层稀薄的晴朗天气有利于地面或地面物体热量散发，也是成霜的重要天气条件。

三是无风或微风。无风或微风的天气，减少了空气的上下对流，有利于地面的充分冷却。

二、初霜冻和终霜冻

由温暖季节向寒冷季节过渡时期发生的第一次霜冻，叫初霜冻，因发生在有霜冻危害的早期，也叫早霜冻。在我国中纬度地带，这类霜冻常发生在秋季，所以又叫秋霜冻。在四川盆地和南岭以南的低纬度地区，初霜冻发生在冬季，危害越冬作物和常绿果树。

　　由寒冷季节向温暖季节过渡时期发生的最后一次霜冻，叫终霜冻，因发生在有霜冻危害的晚期，也叫晚霜冻。在中、高纬度地带，终霜冻常发生在春季，危害春播作物的幼苗、越冬后返青的作物和开花的果树，所以又叫春霜冻。

　　一般秋季初霜冻发生的时间越早、春季终霜冻出现的时间越晚，对作物的影响越大，损失越重。以秋季初霜冻为例，在同样的低温条件下，霜冻发生的时间越早，秋粮作物遭受的损失越大，到作物基本成熟时遭遇霜冻，损失较小。例如，当玉米和水稻在乳熟期间遭受初霜冻害时，粮食损失十分严重，而在蜡熟后遭受冻害时，损失要轻得多。

　　我国地域广阔，各地初、终霜冻出现的时间也大不相同。

我国霜冻特征表

主要类型	发生区域	出现时间	主要影响对象
初霜冻	东北、内蒙古大部	9月中旬至10月上旬	玉米、大豆、一季稻
	新疆	9月中旬至10月上旬	棉花
	华北、西北中东部	9月下旬至10月下旬	玉米、荞麦、谷子、高粱
终霜冻	东北南部、西北东部、华北、黄淮、江淮和江汉、江南	2月中下旬至5月上中旬	冬小麦、油菜、春玉米、春小麦、棉花、果树、蔬菜

三、霜冻害的等级

在气象行业标准《作物霜冻害等级》（QX/T 88
—2008）中，根据日最低气温下降的幅度及植物遭
到霜冻害减产的程度，将霜冻害分为三级，分别是
轻霜冻、中霜冻和重霜冻。

轻霜冻： 气温下降比较明显，日最低气温比较
低；植株顶部、叶尖或少部分叶片受冻，部分受冻
部位可以恢复；受害株率应小于30%；粮食作物减产
幅度在5%以内。

中霜冻： 气温下降很明显，日最低气温很低；
植株上半部叶片大部分受冻，且不能恢复；幼苗部
分被冻死；受害株率在30%～70%；粮食作物减产幅
度在 5%～15%。

重霜冻： 气温下降特别明显，日最低气温特别
低；植株冠层大部叶片受冻死亡或作物幼苗大部分
被冻死；受害株率大于70%；粮食作物减产幅度在
15%以上。

四、霜冻的类型

根据形成方式，霜冻一般分为三种类型：平流型霜冻、辐射型霜冻和平流辐射型霜冻。

平流型霜冻：冷空气入侵，使地表温度降至0℃以下时形成的霜冻，称之为"风霜"，常见于长江以北的早春和晚秋，以及华南和西南的冬季。

辐射型霜冻：在晴朗无风的夜晚，因地面强烈辐射散热而降至0℃以下时形成的霜冻，称之为"晴霜"或"静霜"，是最为常见的一种霜冻。

平流辐射型霜冻：先因冷空气入侵，使气温下降，风停后夜间晴朗，地面辐射散热强烈，使气温再度下降，造成地面出现霜冻，这种霜冻称为平流辐射型霜冻或混合型霜冻。这种霜冻，往往降温剧烈，空气干冷，很容易使农作物和园林植物受冻枯萎死亡。

五、霜冻对农作物的危害

霜冻危害的作物种类较多，粮食作物和经济作物都受其危害。严重的霜冻灾害可使作物减产率达30%

左右，甚至绝收。以玉米为例，当气温降至0 ℃时，玉米发生轻度霜冻害，叶片最先受害，受冻后的叶片变得枯黄，影响植株的光合作用，产生的营养物质减少，导致玉米灌浆缓慢，粒重降低。如果气温降至-3 ℃，就会发生严重霜冻害，除了大量叶片受害外，穗茎也会受冻死亡。这样不仅严重影响玉米植株的光合作用，而且还切断了茎秆向籽粒传输养料的通道，灌浆被迫停止，常常造成大幅减产。

霜冻是我国主要农业气象灾害之一，它的影响范围十分广泛。我国北方地区气温偏低，热量条件不足，遭受霜冻危害的概率更大，如黑龙江、吉

林、内蒙古东部、辽宁西部、山西北部山区和河北北部山区经常受到霜冻的危害。我国西部地区的陕西、甘肃、宁夏、新疆与青海等地区霜冻危害也比较严重。黄淮平原、关中平原和晋南地区经常发生春季霜冻害。长江中下游地区发生的霜冻主要危害经济作物。南岭以南地区，冬季仍有许多喜温作物和常绿果树生长，因此经常发生冬季的霜冻灾害。

六、霜冻预警信号

霜冻预警信号分三级，分别以蓝色、黄色、橙色表示。

（一）霜冻蓝色预警信号

图标：

标准：

48小时内地面最低温度将要下降0℃以下，对农业将产生影响，或者已经降到0℃以下，对农业已经产生影响，并可能持续。

防御指南：

1．政府及农林主管部门按照职责做好防霜冻准备工作；

2．对农作物、蔬菜、花卉、瓜果、林业育种要采取一定的防护措施；

3．农村基层组织和农户要关注当地霜冻预警信息，以便采取措施加强防护。

（二）霜冻黄色预警信号

图标：

标准：

24小时内地面最低温度将要下降到-3℃以下，对农业将产生严重影响，或者已经降到-3℃以下，对农业已经产生严重影响，并可能持续。

防御指南：

1．政府及农林主管部门按照职责做好防霜冻应急工作；

2．农村基层组织要广泛发动群众，防灾抗灾；

3．对农作物、林业育种要积极采取田间灌溉等防霜冻、冰冻措施，尽量减少损失；

4．对蔬菜、花卉、瓜果要采取覆盖、喷洒防冻液等措施，减轻冻害。

（三）霜冻橙色预警信号

图标：

标准：

24小时内地面最低温度将要下降到-5℃以下，对农业将产生严重影响，或者已经降到-5℃以下，对农业已经产生严重影响，并将持续。

防御指南：

1．政府及农林主管部门按照职责做好防霜冻应急工作；

2．农村基层组织要广泛发动群众，防灾抗灾；

3．对农作物、蔬菜、花卉、瓜果、林业育种要采取积极的应对措施，尽量减少损失。

给农作物带来致命打击的霜冻该如何应对？

请扫二维码观看动画：

第十二章 大雾

一、雾的定义

雾是由大量悬浮在近地面空气中的微小水滴或冰晶组成的水汽凝结物，常呈乳白色，使地面水平能见度下降到1千米以下的天气现象。

二、雾的成因

当空气容纳的水汽达到最大限度时，就达到了饱和。而气温愈高，空气中所能容纳的水汽也愈多，如果近地面空气中所含的水汽多于一定温度条件下的饱和水汽量，多余的水汽就会凝结出来。当足够多的水分子与空气中微小的灰尘颗粒结合在一起，同时水分子本身也相互黏结，就变成小水滴或冰晶，也就是雾。空气中的水汽超过饱和量、凝结成水滴，主要是气温降低造成的，这也正是秋冬季早晨多雾的原因。

　　雾和云都是由于温度下降造成的，雾实际上也可以说是靠近地面的云。白天温度比较高，空气中可容纳较多的水汽，但是到了夜间，温度下降了，空气中容纳水汽的能力减小了，因此一部分水汽会凝结成为雾。特别在秋冬季节，由于夜长，而且出现无云风小的机会较多，地面散热较夏天更迅速，以致地面温度急剧下降，这样就使得近地面空气中的水汽容易在后半夜到早晨达到饱和而凝结成小水珠，形成雾。秋冬季的清晨气温最低，是雾最浓的时刻。

三、雾的等级

　　国家标准《雾的预报等级》（GB/T　27964—2011）中规定，按水平能见度大小，雾的预报划分为5个等级。

雾的预报等级

等级	能见度 V（米）
轻雾	$1\,000 \leqslant V < 10\,000$
大雾	$500 \leqslant V < 1\,000$
浓雾	$200 \leqslant V < 500$
强浓雾	$50 \leqslant V < 200$
特强浓雾	$V < 50$

四、雾的种类

辐射雾是指由于夜间地表面的辐射冷却而形成的雾，多出现于晴朗、无风或微风、近地面水汽比较充沛且比较稳定或有逆温存在的夜间和早晨。

平流雾是指暖湿空气平流到较冷的下垫面上，因下部冷却而形成的雾。平流雾和空气的水平流动是分不开的，只有持续有风，雾才会持续长久。如果风停下来，暖湿空气来源中断，雾很快就会消散。

上坡雾是指湿润空气流动过程中沿着山坡上升时，因绝热膨胀冷却而形成的雾。所谓绝热膨胀，是指与外界没有热量交换的膨胀过程。上坡雾多见于山中。

蒸发雾是指冷空气流经温暖水面时，如果气温与水温相差很大，则因水面蒸发的大量水汽在冷空气中发生凝结而形成的雾。

辐射雾

上坡雾

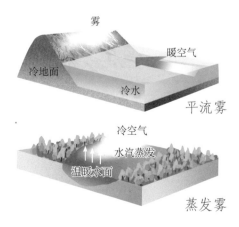

平流雾

蒸发雾

五、雾的影响与危害

（一）对交通的影响与危害

雾是对人类交通活动影响最大的天气之一。雾会使能见度降低，对交通影响比较大，特别是对高速公路车辆行驶和机场飞机起降的影响最大。大雾天气常常导致许多地方高速公路封闭和机场航班延误。

（二）对人体健康的影响与危害

雾天，污染物与空气中的水汽相结合后变得不易扩散与沉降，使得污染物大部分聚集在人们经常活动的高度。同时，一些有害物质与水汽结合，毒性会变得更大，如二氧化硫变成硫酸或亚硫化物，氯气水解为氯化氢或次氯酸，氟化物水解为氟化氢。因此，雾天的空气污染比平时要严重得多。组成雾核的颗粒很容易被人吸入，并易在人体内滞留。如果在雾天锻炼身体，会吸入很多颗粒物，加剧有害物质对人体的损害。

（三）对电力设施的影响与危害

有浓雾时，由于空气湿度大，容易引起雾闪。雾闪也称"污闪"，是指浓雾使绝缘体表面附着的污物在潮湿条件下，形成一层导电膜，使绝缘子的绝缘水平大大降低，在电力场作用下出现的强烈放电现象。雾闪会引发电气设备、输电线路短路、跳闸等故障，造成电网断电，影响生产生活用电，造成严重经济损失。

大雾还影响微波及卫星通信，使其信号锐减、杂音增大，通信质量下降。

六、大雾预警信号

大雾预警信号分三级，分别以黄色、橙色、红色表示。

（一）大雾黄色预警信号

图标：

标准：

12小时内可能出现能见度小于500米的雾，或者已经出现能见度小于500米、大于或等于200米的雾并将持续。

防御指南：

1．有关部门和单位按照职责做好防雾准备工作；

2．机场、高速公路、轮渡码头等单位加强交通管理，保障安全；

3．驾驶人员注意雾的变化，小心驾驶；

4．户外活动注意安全。

（二）大雾橙色预警信号

图标：

标准：

6小时内可能出现能见度小于200米的雾，或者已经出现能见度小于200米、大于或等于50米的雾并将持续。

防御指南：

1．有关部门和单位按照职责做好防雾工作；

2．机场、高速公路、轮渡码头等单位加强调度指挥；

3．驾驶人员必须严格控制车、船的行进速度；

4．减少户外活动。

（三）大雾红色预警信号

图标：

标准：

2小时内可能出现能见度小于50米的雾，或者已经出现能见度小于50米的雾并将持续。

防御指南：

1．有关部门和单位按照职责做好防雾应急工作；

2．有关单位按照行业规定适时采取交通安全管制措施，如机场暂停飞机起降，高速公路暂时封闭，轮渡暂时停航等；

3．驾驶人员根据雾天行驶规定，采取雾天预防措施，根据环境条件采取合理行驶方式，并尽快寻找安全停放区域停靠；

4．不要进行户外活动。

七、大雾应急预案

气象部门加强监测预报，及时发布大雾预警信号及相关防御指引，适时加大预报时段密度；了解大雾的影响，进行综合分析和评估工作。

电力部门加强电网运营监控，采取措施尽量避免发生设备雾闪故障，及时消除和减轻因设备雾闪造成的影响。

公安部门加强对车辆的指挥和疏导，维持道路交通秩序。

交通运输部门及时发布雾航安全通知，加强海上船舶航行安全监管。

民航部门做好运行安全保障、运行计划调整和旅客安抚安置工作。

相关应急处置部门和抢险单位随时准备启动抢险应急方案。

高速公路上"神出鬼没"的团雾究竟是怎么回事？
请扫二维码观看动画：

第十三章　霾

一、霾的定义

霾是指大量极细微的干尘粒等均匀地悬在空中，使水平能见度小于10千米的空气普遍混浊现象。霾能使远处光亮物体微带黄、红色，使黑暗物体微带蓝色。

小知识

雾与霾的区别

雾和霾是自然界的两种天气现象。当能见度小于10千米，排除了降水、沙尘暴、扬沙、浮尘等天气现象造成的视程障碍，空气相对湿度小于80%时，判识为霾；相对湿度大于95%时，判识为雾；相对湿度为80%～95%时，按照地面气象观测规范规定的描述或大气成分指标进一步判识。

还有其他指标可以进一步区分雾和霾。

（1）从粒子的直径大小上来看，雾是小水滴，它的直径相对较大，为5～100微米；而霾粒子的直径就相对较小，为0.001～10微米。

（2）从外观上看，因为雾粒子的直径大，对可见光的散射没有太多的选择性，因此雾基本上是呈乳白色的；而霾粒子直径小，对可见光的散射和吸收作用较强，具有一定的波长选择性，因此霾可能就会呈现蓝灰色、橙灰色、黄色等不同的外观。

（3）从覆盖的空间范围来看，雾一般比较浅薄，主要发生在近地面层中，边界比较明显；而霾相对比较深厚，可达1千米以上，并且分布比较均匀，从地面上看没有明显的边界。

（4）从持续时间和日变化上看，雾一般午夜至清晨最易出现，上午消散；而霾的日变化特征不明显，当大气较稳定时，可全天持续。

二、霾的成因

霾的形成主要是空气中悬浮的大量干性微粒和气象条件共同作用的结果，其成因有三：

一是水平方向静风现象增多。城市里高层建筑较多，阻挡和摩擦作用使风流经城区时明显减弱、静风现象增多，不利于大气中悬浮微粒的扩散稀释，容易在城区和近郊区周边积累。

二是垂直方向上出现逆温。逆温是指高空的气温比低空气温更高的现象。发生逆温的大气层叫"逆温层"，厚度可从几十米到几百米。逆温层形成后近地层大气稳定，不容易上下翻滚而形成对流，这样就会使低层特别是近地面层空气中的污染物和粉尘堆积，增加大气低层和近地面层污染程度。通俗地讲，逆温层就像一层厚厚的被子盖在地面上空，使得大气层低空的空气垂直运动受到限制，污染物不能向上扩散，只能向下蔓延，即空气中悬浮微粒难以向高空飘散而被阻滞在低空和近地面层。

三是空气中悬浮颗粒物增加。随着城市人口的增长和工业发展、机动车辆猛增，污染物排放和悬浮物大量增加。

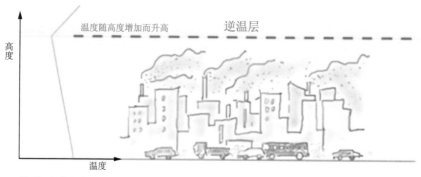

逆温示意图

三、霾的影响与危害

（一）对交通的影响

霾使能见度降低，易造成航班延误、取消，高速公路关闭，海、陆、空交通受阻，事故多发。

（二）对人体健康的影响

霾中含有数百种大气化学颗粒物质，如工业和交通运输燃烧的化石燃料以及煤、柴的燃烧产生的颗粒物，还有矿物颗粒物、海盐、硫酸盐、硝酸盐、有机气溶胶粒子等。

霾对人的身心健康和生活会造成影响和危害。霾中的微小颗粒能直接进入并黏附在人体呼吸道和肺叶中，尤其是更小的颗粒会分别附着在上、下呼吸道和肺泡中，引起鼻炎、急性上呼吸道感染、急性气管炎、支气管炎、肺炎、哮喘等多种疾病，长期处于这种环境还可能诱发肺癌。空气中的PM$_{2.5}$和PM$_{10}$对老人和儿童健康所构成的威胁尤其大。持续不散的霾易使空气中的传染性病菌活性增强，造成传染病增多，加重老年人循环系统的负担，可能诱发心绞痛、心肌梗死、心力衰竭等致命疾病。紫外线的缺乏易使儿童体内促进钙吸收的维生素D生成不足，引起佝偻病、生长减慢等疾病的发生。阴沉的霾天由于光线较弱及气压低，容易使人精神懒散，产生悲观失落情绪，长期如此，对身心健康极为不利。

小知识

PM$_{2.5}$

定义：指大气中直径小于或等于2.5微米的细颗粒物，也称为可入肺颗粒物。它的直径还不到人的头发丝粗细的1/20。

来源：主要是工业污染物排放、燃煤排放、机动车尾气的排放、城市中的扬尘、二次污染物等。

危害：虽然PM$_{2.5}$只是地球大气中含量很少的组分，但它对空气质量和能见度等有重要的影响。与较粗的大气颗粒物相比，PM$_{2.5}$粒径小，且在大气中的停留时间长、输送距离远，对人体健康和大气环境质量的影响更大。

PM$_{2.5}$不易被阻挡，被吸入人体后会直接进入支气管，干扰肺部的气体交换，引发包括哮喘、支气管炎和心血管病等方面的疾病。PM$_{2.5}$污染是造成霾天气的主要原因。

PM$_{10}$

定义：通常把直径在10微米以下的细颗粒物称

为PM$_{10}$，又称为可吸入颗粒物。

来源：燃煤、城市道路和施工工地、裸露地面、机动车尾气，以及二次污染物等。

危害：PM$_{10}$在环境空气中存留的时间也较长，对人体健康和大气能见度影响都很大。PM$_{10}$被人体吸入后，会累积在呼吸系统中，引发许多疾病。

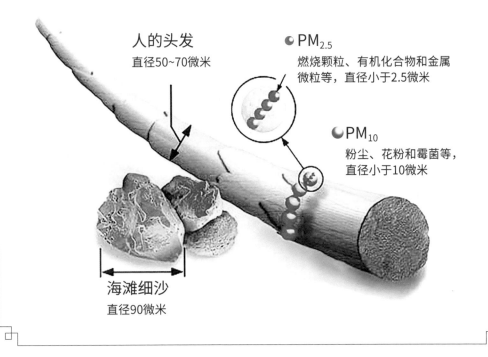

人的头发
直径50~70微米

PM$_{2.5}$
燃烧颗粒、有机化合物和金属微粒等，直径小于2.5微米

PM$_{10}$
粉尘、花粉和霉菌等，直径小于10微米

海滩细沙
直径90微米

四、霾预警信号

霾预警信号分三级，分别以黄色、橙色和红色表示。

（一）霾黄色预警信号

图标：

标准：

预计未来24小时内可能出现下列条件之一并将持续或实况已达到下列条件之一并可能持续：

（1）能见度小于3000米且相对湿度小于80%的霾。

（2）能见度小于3000米且相对湿度大于等于80%，$PM_{2.5}$浓度大于115微克/米^{3}且小于等于150微克/米^3。

（3）能见度小于5000米，$PM_{2.5}$浓度大于150微克/米^{3}且小于等于250微克/米^3。

防御指南：

1. 空气质量明显降低，人员需适当防护；

2. 一般人群适量减少户外活动，儿童、老人及易感人群应减少外出。

（二）霾橙色预警信号

图标：

标准：

预计未来24小时内可能出现下列条件之一并将持续或实况已达到下列条件之一并可能持续：

（1）能见度小于2000米且相对湿度小于80%的霾。

（2）能见度小于2000米且相对湿度大于等于80%，$PM_{2.5}$浓度大于150微克/米^{3}且小于等于250微克/米^3。

（3）能见度小于5000米，$PM_{2.5}$浓度大于250微克/米^{3}且小于等于500微克/米^3。

防御指南：

1．空气质量差，人员需适当防护；

2．一般人群减少户外活动，儿童、老人及易感人群应尽量避免外出。

（三）霾红色预警信号

图标：

标准：

预计未来24小时内可能出现下列条件之一并将持续或实况已达到下列条件之一并可能持续：

（1）能见度小于1000米且相对湿度小于80%的霾。

（2）能见度小于1000米且相对湿度大于等于80%，$PM_{2.5}$浓度大于250微克/米^{3}且小于等于500微克/米^3。

（3）能见度小于5000米，$PM_{2.5}$浓度大于500微克/米^3。

防御指南：

1．政府及相关部门按照职责采取相应措施，控制污染物排放。

2．空气质量很差，人员需加强防护；

3．一般人群避免户外活动，儿童、老人及易感人群应当留在室内；

4．机场、高速公路、轮渡码头等单位加强交通管理，保障安全；

5．驾驶人员谨慎驾驶。

五、霾应急预案

气象部门加强监测预报，及时发布霾预警信号及相关防御指引，适时加大预报时段密度；了解霾的影响，进行综合分析和评估工作。

公安部门加强对车辆的指挥和疏导，维持道路交通秩序。

民航部门做好运行安全保障、运行计划调整和旅客安抚安置工作。

相关应急处置部门和抢险单位随时准备启动抢险应急方案。

虽然人们习惯称"雾霾"，但其实雾和霾是两种不同的天气现象，请扫二维码观看动画：

第十四章　道路结冰

一、道路结冰的定义

道路结冰是指降水（如雨、雪、冻雨或雾滴）碰到温度低于0℃的地面而出现的积雪或结冰现象。通常包括冻结的残雪、凸凹的冰辙、雪融水或其他原因的道路积水在寒冷季节形成的坚硬冰层。

道路结冰一般分为两种情况，一种是降雪后立即冻结在路面上形成的道路结冰；另一种是在积雪融化后，由于气温降低而在路面形成的结冰。

二、道路结冰的形成条件

道路结冰容易发生在11月到次年4月（即冬季和早春）的这段时间内。我国北方地区，尤其是东北地区和内蒙古北部地区，常常出现道路结冰现象。我国南方地区，降雪一般为"湿雪"，往往属于0～4℃的混合态水，落地便成冰水浆糊状，一到夜间气温下降，就会凝固成大片冰块。如果当地冬季最低气温低于0℃，就有可能出现道路结冰现象。如果温度不回升到足以使冰层解冻，道路结冰就将一直维持下去。一般来说，寒冬腊月，当出现大范围强冷空气活动引起气温下降的寒潮天气时，如果伴有雨雪，最容易发生道路结冰现象。

三、道路结冰的危害

出现道路结冰时，由于车轮与路面摩擦作用大大减弱，容易打滑刹不住车，就容易造成交通事故。行人也容易滑倒、摔伤，甚至出现骨折。

四、道路结冰预警信号

道路结冰预警信号分三级，分别以黄色、橙色、红色表示。

（一）道路结冰黄色预警信号

图标：

标准：

当路表温度低于0℃，出现降水，12小时内可能出现对交通有影响的道路结冰。

防御指南：

1.交通、公安等部门要按照职责做好道路结冰应对准备工作；

2.驾驶人员应当注意路况，安全行驶；

3.行人外出尽量少骑自行车，注意防滑。

（二）道路结冰橙色预警信号

图标：

标准：

当路表温度低于0℃，出现降水，6小时内可能出现对交通有较大影响的道路结冰。

防御指南：

1. 交通、公安等部门要按照职责做好道路结冰应急工作；

2. 驾驶人员必须采取防滑措施，听从指挥，慢速行驶；

3. 行人出门注意防滑。

（三）道路结冰红色预警信号

图标：

标准：

当路表温度低于0℃，出现降水，2小时内可能出现或者已经出现对交通有很大影响的道路结冰。

防御指南：

1. 交通、公安等部门做好道路结冰应急和抢险工作；

2. 交通、公安等部门注意指挥和疏导行驶车辆，必要时关闭结冰道路交通；

3. 人员尽量减少外出。

五、道路结冰应急预案

气象部门加强监测预报，及时发布低温、雪灾、道路结冰等预警信号及相关防御指引，适时加大预报时段密度。

海洋部门密切关注渤海、黄海的海冰发生发展动态，及时发布海冰灾害预警信息。

公安部门加强交通秩序维护，注意指挥、疏导行驶车辆；必要时，关闭易发生交通事故的结冰路段。

电力部门注意电力调配及相关措施落实，加强电力设备巡查、养护，及时排查电力故障；做好电力设施设备覆冰应急处置工作。

交通运输部门提醒做好车辆防冻措施，提醒高速公路、高架道路车辆减速；会同有关部门根据积雪情况，及时组织力量或采取措施做好道路清扫和积雪融化工作。

民航部门做好机场除冰扫雪，航空器除冰，保障运行安全，做好运行计划调整和旅客安抚、安置工作，必要时关闭机场。

住房和城乡建设、水利等部门做好供水系统等防冻措施。

　　卫生部门采取措施保障医疗卫生服务正常开展，并组织做好伤员医疗救治和卫生防病工作。

　　住房和城乡建设部门加强危房检查，会同有关部门及时动员或组织撤离可能因雪压倒塌的房屋内的人员。

　　民政部门负责受灾群众的紧急转移安置，并为受灾群众和公路、铁路等滞留人员提供基本生活救助。

　　农业部门组织对农作物、畜牧业、水产养殖采取必要的防护措施。

　　相关应急处置部门和抢险单位随时准备启动抢险应急方案。

　　灾害发生后，民政、气象等部门按照有关规定进行灾情调查、收集、分析和评估工作。

为什么桥面比路面更容易结冰？
请扫二维码观看动画：

参考文献

本书编委会, 2010. 气象信息员知识读本[M]. 北京: 气象出版社.

陈联寿, 端义宏, 宋丽莉, 等, 2012. 台风预报及其灾害[M]. 北京: 气象出版社.

陈云峰, 2019. 气象知识极简书[M]. 北京: 气象出版社.

《大气科学词典》编委会, 1994. 大气科学辞典[M]. 北京: 气象出版社.

丁一汇, 张建云, 王遵娅, 等, 2009. 暴雨洪涝[M]. 北京: 气象出版社.

韩世泉, 张海峰, 2002. 雪[M]. 北京: 气象出版社.

霍治国, 王石立, 郭建平, 等, 2009. 农业和生物气象灾害[M]. 北京: 气象出版社.

金传达, 2002. 风[M]. 北京: 气象出版社.

李光亮, 2002a. 冰雹[M]. 北京: 气象出版社.

李光亮, 2002b. 雾[M]. 北京: 气象出版社.

马树庆, 李锋, 王琪, 等, 2009. 寒潮和霜冻[M]. 北京: 气象出版社.

迈克尔·阿拉贝, 2006. 干旱[M]. 张镌译. 上海: 上海科学技术出版社.

《气象知识》编辑部,2009a. 气象小博士:台风及其应对措施[J]. 气象知识, (3):18.

《气象知识》编辑部,2009b. 气象小博士:暴雨及其应对措施[J]. 气象知识, (3):24.

《气象知识》编辑部,2009c. 气象小博士:雷电及其应对措施 [J].气象知识, (3): 36.

《气象知识》编辑部,2009d. 气象小博士:干旱及其应对措施 [J].气象知识, (3):28.

《气象知识》编辑部,2012. 气象大课堂:风 [J]. 气象知识, (3):44.

《气象知识》编辑部,2013a.气象小百科:降雪量与积雪深度的换算[J].气象知识,(校园增刊):11.

《气象知识》编辑部,2013b. 气象灾害与防御:寒潮[J]. 气象知识,(科普活动增刊): 60.

钱正安,蔡英,刘景涛,等,2004. 中国北方沙尘暴研究的若干进展[J]. 干旱区资源与环境,18(S1):1-8.

全国科学技术名词审定委员会,2009. 大气科学名词(第三版)[M]. 北京: 科学出版社.

沈永平,王国亚,魏文寿,等,2009. 冰雪灾害[M]. 北京: 气象出版社.

谈建国,陆晨,陈正洪,等,2009. 高温热浪与人体健康
  [M]. 北京:气象出版社.

汪勤模,2002. 暴雨[M]. 北京:气象出版社.

汪勤模,2012. 霜的申诉书[J]. 气象知识(1):61.

王奉安,2002. 雷电[M]. 北京:气象出版社.

王式功,周自江,尚可政,等,2010. 沙尘暴灾害[M].
  北京:气象出版社.

王文宇,王静爱,2001. 基于三种信息源的中国冰雹灾害
  区域分异研究[J]. 地理研究,20(3):380-387.

吴兑,吴晓京,朱小祥,等,2009. 雾和霾[M]. 北京:气象
  出版社.

谢世俊,2002. 寒潮[M]. 北京:气象出版社.

于系民,2002. 台风[M]. 北京:气象出版社.

张家诚,张沅,2002. 干旱[M]. 北京:气象出版社.

张强,潘学标,马柱国,等,2009. 干旱[M]. 北京:气象
  出版社.

张义军,陶善昌,马明,等,2009. 雷电灾害[M]. 北京:
  气象出版社.

朱乾根,林锦瑞,寿绍文,等,2007. 天气学原理和方法
  (第四版)[M]. 北京:气象出版社.

中国气象局, 2007.《中国灾害性天气气候图集 (1961—2006年)》
[M]. 北京:气象出版社.

中国气象局气象宣传与科普中心, 2015. 中国天气气候概况[M].
北京:气象出版社.

附录

附录A

中华人民共和国气象法

（1999年10月31日第九届全国人民代表大会常务委员会第十二次会议通过，根据2009年8月27日第十一届全国人民代表大会常务委员会第十次会议《关于修改部分法律的决定》第一次修正　根据2014年8月31日第十二届全国人民代表大会常务委员会第十次会议《关于修改<中华人民共和国保险法>等五部法律的决定》第二次修正　根据2016年11月7日第十二届全国人民代表大会常务委员会第二十四次会议《关于修改<中华人民共和国对外贸易法>等十二部法律的决定》第三次修正）

第一章　总　则

第一条　为了发展气象事业，规范气象工作，准确、及时地发布气象预报，防御气象灾害，合理开发利用和保护气候资源，为经济建设、国防建设、社会发展和人民生活提供气象服务，制定本法。

第二条　在中华人民共和国领域和中华人民共和国管辖的其他海域从事气象探测、预报、服务和气象灾害防御、气候资源利用、气象科学技术研究等活动，应当遵守本法。

第三条　气象事业是经济建设、国防建设、社会发展和人民生活的基础性公益事业，气象工作应当把公益性气象服务放在首位。

县级以上人民政府应当加强对气象工作的领导和协调，将气象事业纳入中央和地方同级国民经济和社会发展计划及财政预算，以保障其充分发挥为社会公众、政府决策和经济发展服务的功能。

县级以上地方人民政府根据当地社会经济发展的需要所建设的地方气象事业项目，其投资主要由本级财政承担。

气象台站在确保公益性气象无偿服务的前提下，可以依法开展气象有偿服务。

第四条 县、市气象主管机构所属的气象台站应当主要为农业生产服务，及时主动提供保障当地农业生产所需的公益性气象信息服务。

第五条 国务院气象主管机构负责全国的气象工作。地方各级气象主管机构在上级气象主管机构和本级人民政府的领导下，负责本行政区域内的气象工作。

国务院其他有关部门和省、自治区、直辖市人民政府其他有关部门所属的气象台站，应当接受同级气象主管机构对其气象工作的指导、监督和行业管理。

第六条 从事气象业务活动，应当遵守国家制定的气象技术标准、规范和规程。

第七条　国家鼓励和支持气象科学技术研究、气象科学知识普及，培养气象人才，推广先进的气象科学技术，保护气象科技成果，加强国际气象合作与交流，发展气象信息产业，提高气象工作水平。

各级人民政府应当关心和支持少数民族地区、边远贫困地区、艰苦地区和海岛的气象台站的建设和运行。

对在气象工作中做出突出贡献的单位和个人，给予奖励。

第八条　外国的组织和个人在中华人民共和国领域和中华人民共和国管辖的其他海域从事气象活动，必须经国务院气象主管机构会同有关部门批准。

第二章　气象设施的建设与管理

第九条　国务院气象主管机构应当组织有关部门编制气象探测设施、气象信息专用传输设施、大型气象专用技术装备等重要气象设施的建设规划，报国务院批准后实施。气象设施建设规划的调整、修改，必须报国务院批准。

编制气象设施建设规划，应当遵循合理布局、有效利用、兼顾当前与长远需要的原则，避免重复建设。

第十条　重要气象设施建设项目应当符合重要气象设施建设规划要求，并在项目建议书和可行性研究报告批准前，征求国务院气象主管机构或者省、自治区、直辖市气象主管机构的意见。

第十一条 国家依法保护气象设施，任何组织或者个人不得侵占、损毁或者擅自移动气象设施。

气象设施因不可抗力遭受破坏时，当地人民政府应当采取紧急措施，组织力量修复，确保气象设施正常运行。

第十二条 未经依法批准，任何组织或者个人不得迁移气象台站；确因实施城市规划或者国家重点工程建设，需要迁移国家基准气候站、基本气象站的，应当报经国务院气象主管机构批准；需要迁移其他气象台站的，应当报经省、自治区、直辖市气象主管机构批准。迁建费用由建设单位承担。

第十三条 气象专用技术装备应当符合国务院气象主管机构规定的技术要求，并经国务院气象主管机构审查合格；未经审查或者审查不合格的，不得在气象业务中使用。

第十四条 气象计量器具应当依照《中华人民共和国计量法》的有关规定，经气象计量检定机构检定。未经检定、检定不合格或者超过检定有效期的气象计量器具，不得使用。

国务院气象主管机构和省、自治区、直辖市气象主管机构可以根据需要建立气象计量标准器具，其各项最高计量标准器具依照《中华人民共和国计量法》的规定，经考核合格后，方可使用。

第三章　气象探测

第十五条　各级气象主管机构所属的气象台站，应当按照国务院气象主管机构的规定，进行气象探测并向有关气象主管机构汇交气象探测资料。未经上级气象主管机构批准，不得中止气象探测。

国务院气象主管机构及有关地方气象主管机构应当按照国家规定适时发布基本气象探测资料。

第十六条　国务院其他有关部门和省、自治区、直辖市人民政府其他有关部门所属的气象台站及其他从事气象探测的组织和个人，应当按照国家有关规定向国务院气象主管机构或者省、自治区、直辖市气象主管机构汇交所获得的气象探测资料。

各级气象主管机构应当按照气象资料共享、共用的原则，根据国家有关规定，与其他从事气象工作的机构交换有关气象信息资料。

第十七条　在中华人民共和国内水、领海和中华人民共和国管辖的其他海域的海上钻井平台和具有中华人民共和国国籍的在国际航线上飞行的航空器、远洋航行的船舶，应当按照国家有关规定进行气象探测并报告气象探测信息。

第十八条　基本气象探测资料以外的气象探测资料需

要保密的，其密级的确定、变更和解密以及使用，依照《中华人民共和国保守国家秘密法》的规定执行。

第十九条 国家依法保护气象探测环境，任何组织和个人都有保护气象探测环境的义务。

第二十条 禁止下列危害气象探测环境的行为：

（一）在气象探测环境保护范围内设置障碍物、进行爆破和采石；

（二）在气象探测环境保护范围内设置影响气象探测设施工作效能的高频电磁辐射装置；

（三）在气象探测环境保护范围内从事其他影响气象探测的行为。

气象探测环境保护范围的划定标准由国务院气象主管机构规定。各级人民政府应当按照法定标准划定气象探测环境的保护范围，并纳入城市规划或者村庄和集镇规划。

第二十一条 新建、扩建、改建建设工程，应当避免危害气象探测环境；确实无法避免的，建设单位应当事先征得省、自治区、直辖市气象主管机构的同意，并采取相应的措施后，方可建设。

第四章 气象预报与灾害性天气警报

第二十二条 国家对公众气象预报和灾害性天气警报实行统一发布制度。

各级气象主管机构所属的气象台站应当按照职责向社会发布公众气象预报和灾害性天气警报，并根据天气变化情况及时补充或者订正。其他任何组织或者个人不得向社会发布公众气象预报和灾害性天气警报。

国务院其他有关部门和省、自治区、直辖市人民政府其他有关部门所属的气象台站，可以发布供本系统使用的专项气象预报。

各级气象主管机构及其所属的气象台站应当提高公众气象预报和灾害性天气警报的准确性、及时性和服务水平。

第二十三条 各级气象主管机构所属的气象台站应当根据需要，发布农业气象预报、城市环境气象预报、火险气象等级预报等专业气象预报，并配合军事气象部门进行国防建设所需的气象服务工作。

第二十四条 各级广播、电视台站和省级人民政府指定的报纸，应当安排专门的时间或者版面，每天播发或者刊登公众气象预报或者灾害性天气警报。

各级气象主管机构所属的气象台站应当保证其制作的气象预报节目的质量。

广播、电视播出单位改变气象预报节目播发时间安排的，应当事先征得有关气象台站的同意；对国计民生可能产生重大影响的灾害性天气警报和补充、订正的气象预报，应当及时增播或者插播。

第二十五条 广播、电视、报纸、电信等媒体向社会传播气象预报和灾害性天气警报，必须使用气象主管机构所属的气象台站提供的适时气象信息，并标明发布时间和气象台站的名称。通过传播气象信息获得的收益，应当提取一部分支持气象事业的发展。

第二十六条 信息产业部门应当与气象主管机构密切配合，确保气象通信畅通，准确、及时地传递气象情报、气象预报和灾害性天气警报。

气象无线电专用频道和信道受国家保护，任何组织或者个人不得挤占和干扰。

第五章 气象灾害防御

第二十七条 县级以上人民政府应当加强气象灾害监测、预警系统建设，组织有关部门编制气象灾害防御规划，并采取有效措施，提高防御气象灾害的能力。有关组织和个人应当服从人民政府的指挥和安排，做好气象灾害防御工作。

第二十八条 各级气象主管机构应当组织对重大灾害性天气的跨地区、跨部门的联合监测、预报工作，及时提出气象灾害防御措施，并对重大气象灾害作出评估，为本级人民政府组织防御气象灾害提供决策依据。

各级气象主管机构所属的气象台站应当加强对可能影响当地的灾害性天气的监测和预报，并及时报告有关气象主管机构。其他有关部门所属的气象台站和与灾害性天气监测、预报有关的单位应当及时向气象主管机构提供监测、预报气象灾害所需要的气象探测信息和有关的水情、风暴潮等监测信息。

第二十九条 县级以上地方人民政府应当根据防御气象灾害的需要，制定气象灾害防御方案，并根据气象主管机构提供的气象信息，组织实施气象灾害防御方案，避免或者减轻气象灾害。

第三十条 县级以上人民政府应当加强对人工影响天气工作的领导，并根据实际情况，有组织、有计划地开展人工影响天气工作。

国务院气象主管机构应当加强对全国人工影响天气工作的管理和指导。地方各级气象主管机构应当制定人工影响天气作业方案，并在本级人民政府的领导和协调下，管理、指导和组织实施人工影响天气作业。有关部门应当按照职责分工，配合气象主管机构做好人工影响天气的有关工作。

实施人工影响天气作业的组织必须具备省、自治区、直辖市气象主管机构规定的条件，并使用符合国务院气象主管机构要求的技术标准的作业设备，遵守作业规范。

第三十一条　各级气象主管机构应当加强对雷电灾害防御工作的组织管理，并会同有关部门指导对可能遭受雷击的建筑物、构筑物和其他设施安装的雷电灾害防护装置的检测工作。

安装的雷电灾害防护装置应当符合国务院气象主管机构规定的使用要求。

第六章　气候资源开发利用和保护

第三十二条　国务院气象主管机构负责全国气候资源的综合调查、区划工作，组织进行气候监测、分析、评价，并对可能引起气候恶化的大气成分进行监测，定期发布全国气候状况公报。

第三十三条　县级以上地方人民政府应当根据本地区气候资源的特点，对气候资源开发利用的方向和保护的重点作出规划。

地方各级气象主管机构应当根据本级人民政府的规划，向本级人民政府和同级有关部门提出利用、保护气候资源和推广应用气候资源区划等成果的建议。

第三十四条　各级气象主管机构应当组织对城市规划、国家重点建设工程、重大区域性经济开发项目和大型太阳能、风能等气候资源开发利用项目进行气候可行性论证。

具有大气环境影响评价资质的单位进行工程建设项目大气环境影响评价时，应当使用符合国家气象技术标准的气象资料。

第七章 法律责任

第三十五条 违反本法规定，有下列行为之一的，由有关气象主管机构按照权限责令停止违法行为，限期恢复原状或者采取其他补救措施，可以并处五万元以下的罚款；造成损失的，依法承担赔偿责任；构成犯罪的，依法追究刑事责任：

（一）侵占、损毁或者未经批准擅自移动气象设施的；

（二）在气象探测环境保护范围内从事危害气象探测环境活动的。

在气象探测环境保护范围内，违法批准占用土地的，或者非法占用土地新建建筑物或者其他设施的，依照《中华人民共和国城乡规划法》或者《中华人民共和国土地管理法》的有关规定处罚。

第三十六条 违反本法规定，使用不符合技术要求的气象专用技术装备，造成危害的，由有关气象主管机构按照权限责令改正，给予警告，可以并处五万元以下的罚款。

第三十七条　违反本法规定，安装不符合使用要求的雷电灾害防护装置的，由有关气象主管机构责令改正，给予警告。使用不符合使用要求的雷电灾害防护装置给他人造成损失的，依法承担赔偿责任。

第三十八条　违反本法规定，有下列行为之一的，由有关气象主管机构按照权限责令改正，给予警告，可以并处五万元以下的罚款：

（一）非法向社会发布公众气象预报、灾害性天气警报的；

（二）广播、电视、报纸、电信等媒体向社会传播公众气象预报、灾害性天气警报，不使用气象主管机构所属的气象台站提供的适时气象信息的；

（三）从事大气环境影响评价的单位进行工程建设项目大气环境影响评价时，使用的气象资料不符合国家气象技术标准的。

第三十九条　违反本法规定，不具备省、自治区、直辖市气象主管机构规定的条件实施人工影响天气作业的，或者实施人工影响天气作业使用不符合国务院气象主管机构要求的技术标准的作业设备的，由有关气象主管机构按照权限责令改正，给予警告，可以并处十万元以下的罚款；给他人造成损失的，依法承担赔偿责任；构成犯罪的，依法追究刑事责任。

第四十条 各级气象主管机构及其所属气象台站的工作人员由于玩忽职守，导致重大漏报、错报公众气象预报、灾害性天气警报，以及丢失或者毁坏原始气象探测资料、伪造气象资料等事故的，依法给予行政处分；致使国家利益和人民生命财产遭受重大损失，构成犯罪的，依法追究刑事责任。

第八章 附 则

第四十一条 本法中下列用语的含义是：

（一）气象设施，是指气象探测设施、气象信息专用传输设施、大型气象专用技术装备等。

（二）气象探测，是指利用科技手段对大气和近地层的大气物理过程、现象及其化学性质等进行的系统观察和测量。

（三）气象探测环境，是指为避开各种干扰保证气象探测设施准确获得气象探测信息所必需的最小距离构成的环境空间。

（四）气象灾害，是指台风、暴雨（雪）、寒潮、大风（沙尘暴）、低温、高温、干旱、雷电、冰雹、霜冻和大雾等所造成的灾害。

（五）人工影响天气，是指为避免或者减轻气象灾害，合理利用气候资源，在适当条件下通过科技手段对局部大气的物理、化学过程进行人工影响，实现增雨雪、防雹、消雨、消雾、防霜等目的的活动。

第四十二条 气象台站和其他开展气象有偿服务的单位，从事气象有偿服务的范围、项目、收费等具体管理办法，由国务院依据本法规定。

第四十三条 中国人民解放军气象工作的管理办法，由中央军事委员会制定。

第四十四条 中华人民共和国缔结或者参加的有关气象活动的国际条约与本法有不同规定的，适用该国际条约的规定；但是，中华人民共和国声明保留的条款除外。

第四十五条 本法自2000年1月1日起施行。1994年8月18日国务院发布的《中华人民共和国气象条例》同时废止。

附录B
气象灾害防御条例

（2010年1月27日中华人民共和国国务院令第570号公布 根据2017年10月7日《国务院关于修改部分行政法规的决定》修订）

第一章　总则

第一条　为了加强气象灾害的防御，避免、减轻气象灾害造成的损失，保障人民生命财产安全，根据《中华人民共和国气象法》，制定本条例。

第二条　在中华人民共和国领域和中华人民共和国管辖的其他海域内从事气象灾害防御活动的，应当遵守本条例。

本条例所称气象灾害，是指台风、暴雨（雪）、寒潮、大风（沙尘暴）、低温、高温、干旱、雷电、冰雹、霜冻和大雾等所造成的灾害。

水旱灾害、地质灾害、海洋灾害、森林草原火灾等因气象因素引发的衍生、次生灾害的防御工作，适用有关法律、行政法规的规定。

第三条　气象灾害防御工作实行以人为本、科学防御、部门联动、社会参与的原则。

第四条　县级以上人民政府应当加强对气象灾害防御工作的组织、领导和协调，将气象灾害的防御纳入本级国民经济和社会发展规划，所需经费纳入本级财政预算。

第五条 国务院气象主管机构和国务院有关部门应当按照职责分工，共同做好全国气象灾害防御工作。

地方各级气象主管机构和县级以上地方人民政府有关部门应当按照职责分工，共同做好本行政区域的气象灾害防御工作。

第六条 气象灾害防御工作涉及两个以上行政区域的，有关地方人民政府、有关部门应当建立联防制度，加强信息沟通和监督检查。

第七条 地方各级人民政府、有关部门应当采取多种形式，向社会宣传普及气象灾害防御知识，提高公众的防灾减灾意识和能力。

学校应当把气象灾害防御知识纳入有关课程和课外教育内容，培养和提高学生的气象灾害防范意识和自救互救能力。教育、气象等部门应当对学校开展的气象灾害防御教育进行指导和监督。

第八条 国家鼓励开展气象灾害防御的科学技术研究，支持气象灾害防御先进技术的推广和应用，加强国际合作与交流，提高气象灾害防御的科技水平。

第九条 公民、法人和其他组织有义务参与气象灾害防御工作，在气象灾害发生后开展自救互救。

对在气象灾害防御工作中做出突出贡献的组织和个人，按照国家有关规定给予表彰和奖励。

第二章　预防

第十条　县级以上地方人民政府应当组织气象等有关部门对本行政区域内发生的气象灾害的种类、次数、强度和造成的损失等情况开展气象灾害普查，建立气象灾害数据库，按照气象灾害的种类进行气象灾害风险评估，并根据气象灾害分布情况和气象灾害风险评估结果，划定气象灾害风险区域。

第十一条　国务院气象主管机构应当会同国务院有关部门，根据气象灾害风险评估结果和气象灾害风险区域，编制国家气象灾害防御规划，报国务院批准后组织实施。

县级以上地方人民政府应当组织有关部门，根据上一级人民政府的气象灾害防御规划，结合本地气象灾害特点，编制本行政区域的气象灾害防御规划。

第十二条　气象灾害防御规划应当包括气象灾害发生发展规律和现状、防御原则和目标、易发区和易发时段、防御设施建设和管理以及防御措施等内容。

第十三条　国务院有关部门和县级以上地方人民政府应当按照气象灾害防御规划，加强气象灾害防御设施建设，做好气象灾害防御工作。

第十四条 国务院有关部门制定电力、通信等基础设施的工程建设标准，应当考虑气象灾害的影响。

第十五条 国务院气象主管机构应当会同国务院有关部门，根据气象灾害防御需要，编制国家气象灾害应急预案，报国务院批准。

县级以上地方人民政府、有关部门应当根据气象灾害防御规划，结合本地气象灾害的特点和可能造成的危害，组织制定本行政区域的气象灾害应急预案，报上一级人民政府、有关部门备案。

第十六条 气象灾害应急预案应当包括应急预案启动标准、应急组织指挥体系与职责、预防与预警机制、应急处置措施和保障措施等内容。

第十七条 地方各级人民政府应当根据本地气象灾害特点，组织开展气象灾害应急演练，提高应急救援能力。居民委员会、村民委员会、企业事业单位应当协助本地人民政府做好气象灾害防御知识的宣传和气象灾害应急演练工作。

第十八条 大风（沙尘暴）、龙卷风多发区域的地方各级人民政府、有关部门应当加强防护林和紧急避难场所等建设，并定期组织开展建（构）筑物防风避险的监督检查。

台风多发区域的地方各级人民政府、有关部门应当加强海塘、堤防、避风港、防护林、避风锚地、紧急避难场所等建设，并根据台风情况做好人员转移等准备工作。

第十九条　地方各级人民政府、有关部门和单位应当根据本地降雨情况，定期组织开展各种排水设施检查，及时疏通河道和排水管网，加固病险水库，加强对地质灾害易发区和堤防等重要险段的巡查。

第二十条　地方各级人民政府、有关部门和单位应当根据本地降雪、冰冻发生情况，加强电力、通信线路的巡查，做好交通疏导、积雪（冰）清除、线路维护等准备工作。

有关单位和个人应当根据本地降雪情况，做好危旧房屋加固、粮草储备、牲畜转移等准备工作。

第二十一条　地方各级人民政府、有关部门和单位应当在高温来临前做好供电、供水和防暑医药供应的准备工作，并合理调整工作时间。

第二十二条　大雾、霾多发区域的地方各级人民政府、有关部门和单位应当加强对机场、港口、高速公路、航道、渔场等重要场所和交通要道的大雾、霾的监测设施建设，做好交通疏导、调度和防护等准备工作。

第二十三条　各类建（构）筑物、场所和设施安装雷电防护装置应当符合国家有关防雷标准的规定。新建、改建、扩建建（构）筑物、场所和设施的雷电防护装置应当与主体工程同时设计、同时施工、同时投入使用。

新建、改建、扩建建设工程雷电防护装置的设计、施工，可以由取得相应建设、公路、水路、铁路、民航、水利、电力、核电、通信等专业工程设计、施工资质的单位承担。

油库、气库、弹药库、化学品仓库和烟花爆竹、石化等易燃易爆建设工程和场所，雷电易发区内的矿区、旅游景点或者投入使用的建（构）筑物、设施等需要单独安装雷电防护装置的场所，以及雷电风险高且没有防雷标准规范、需要进行特殊论证的大型项目，其雷电防护装置的设计审核和竣工验收由县级以上地方气象主管机构负责。未经设计审核或者设计审核不合格的，不得施工；未经竣工验收或者竣工验收不合格的，不得交付使用。

房屋建筑、市政基础设施、公路、水路、铁路、民航、水利、电力、核电、通信等建设工程的主管部门，负责相应领域内建设工程的防雷管理。

第二十四条 从事雷电防护装置检测的单位应当具备下列条件，取得国务院气象主管机构或者省、自治区、直辖市气象主管机构颁发的资质证：

（一）有法人资格；

（二）有固定的办公场所和必要的设备、设施；

（三）有相应的专业技术人员；

（四）有完备的技术和质量管理制度；

（五）国务院气象主管机构规定的其他条件。

从事电力、通信雷电防护装置检测的单位的资质证由国务院气象主管机构和国务院电力或者国务院通信主管部门共同颁发。

第二十五条 地方各级人民政府、有关部门应当根据本地气象灾害发生情况，加强农村地区气象灾害预防、监测、信息传播等基础设施建设，采取综合措施，做好农村气象灾害防御工作。

第二十六条 各级气象主管机构应当在本级人民政府的领导和协调下，根据实际情况组织开展人工影响天气工作，减轻气象灾害的影响。

第二十七条 县级以上人民政府有关部门在国家重大建设工程、重大区域性经济开发项目和大型太阳能、风能等气候资源开发利用项目以及城乡规划编制中，应当统筹考虑气候可行性和气象灾害的风险性，避免、减轻气象灾害的影响。

第三章 监测、预报和预警

第二十八条 县级以上地方人民政府应当根据气象灾害防御的需要，建设应急移动气象灾害监测设施，健全应急监测队伍，完善气象灾害监测体系。

县级以上人民政府应当整合完善气象灾害监测信息网络，实现信息资源共享。

第二十九条 各级气象主管机构及其所属的气象台站应当完善灾害性天气的预报系统，提高灾害性天气预报、警报的准确率和时效性。

各级气象主管机构所属的气象台站、其他有关部门所属的气象台站和与灾害性天气监测、预报有关的单位应当根据气象灾害防御的需要，按照职责开展灾害性天气的监测工作，并及时向气象主管机构和有关灾害防御、救助部门提供雨情、水情、风情、旱情等监测信息。

各级气象主管机构应当根据气象灾害防御的需要组织开展跨地区、跨部门的气象灾害联合监测，并将人口密集区、农业主产区、地质灾害易发区域、重要江河流域、森林、草原、渔场作为气象灾害监测的重点区域。

第三十条 各级气象主管机构所属的气象台站应当按照职责向社会统一发布灾害性天气警报和气象灾害预警信号，并及时向有关灾害防御、救助部门通报；其他组织和个人不得向社会发布灾害性天气警报和气象灾害预警信号。

气象灾害预警信号的种类和级别，由国务院气象主管机构规定。

第三十一条 广播、电视、报纸、电信等媒体应当及时向社会播发或者刊登当地气象主管机构所属的气象台站提供的适时灾害性天气警报、气象灾害预警信号，并根据当地气象台站的要求及时增播、插播或者刊登。

第三十二条　县级以上地方人民政府应当建立和完善气象灾害预警信息发布系统，并根据气象灾害防御的需要，在交通枢纽、公共活动场所等人口密集区域和气象灾害易发区域建立灾害性天气警报、气象灾害预警信号接收和播发设施，并保证设施的正常运转。

乡（镇）人民政府、街道办事处应当确定人员，协助气象主管机构、民政部门开展气象灾害防御知识宣传、应急联络、信息传递、灾害报告和灾情调查等工作。

第三十三条　各级气象主管机构应当做好太阳风暴、地球空间暴等空间天气灾害的监测、预报和预警工作。

第四章　应急处置

第三十四条　各级气象主管机构所属的气象台站应当及时向本级人民政府和有关部门报告灾害性天气预报、警报情况和气象灾害预警信息。

县级以上地方人民政府、有关部门应当根据灾害性天气警报、气象灾害预警信号和气象灾害应急预案启动标准，及时作出启动相应应急预案的决定，向社会公布，并报告上一级人民政府；必要时，可以越级上报，并向当地驻军和可能受到危害的毗邻地区的人民政府通报。

发生跨省、自治区、直辖市大范围的气象灾害，并造成较大危害时，由国务院决定启动国家气象灾害应急预案。

第三十五条 县级以上地方人民政府应当根据灾害性天气影响范围、强度，将可能造成人员伤亡或者重大财产损失的区域临时确定为气象灾害危险区，并及时予以公告。

第三十六条 县级以上地方人民政府、有关部门应当根据气象灾害发生情况，依照《中华人民共和国突发事件应对法》的规定及时采取应急处置措施；情况紧急时，及时动员、组织受到灾害威胁的人员转移、疏散，开展自救互救。

对当地人民政府、有关部门采取的气象灾害应急处置措施，任何单位和个人应当配合实施，不得妨碍气象灾害救助活动。

第三十七条 气象灾害应急预案启动后，各级气象主管机构应当组织所属的气象台站加强对气象灾害的监测和评估，启用应急移动气象灾害监测设施，开展现场气象服务，及时向本级人民政府、有关部门报告灾害性天气实况、变化趋势和评估结果，为本级人民政府组织防御气象灾害提供决策依据。

第三十八条 县级以上人民政府有关部门应当按照各

自职责，做好相应的应急工作。

民政部门应当设置避难场所和救济物资供应点，开展受灾群众救助工作，并按照规定职责核查灾情、发布灾情信息。

卫生主管部门应当组织医疗救治、卫生防疫等卫生应急工作。

交通运输、铁路等部门应当优先运送救灾物资、设备、药物、食品，及时抢修被毁的道路交通设施。

住房城乡建设部门应当保障供水、供气、供热等市政公用设施的安全运行。

电力、通信主管部门应当组织做好电力、通信应急保障工作。

国土资源部门应当组织开展地质灾害监测、预防工作。

农业主管部门应当组织开展农业抗灾救灾和农业生产技术指导工作。

水利主管部门应当统筹协调主要河流、水库的水量调度，组织开展防汛抗旱工作。

公安部门应当负责灾区的社会治安和道路交通秩序维护工作，协助组织灾区群众进行紧急转移。

第三十九条 气象、水利、国土资源、农业、林业、海洋等部门应当根据气象灾害发生的情况，加强对气象因素引发的衍生、次生灾害的联合监测，并根据相应的应急预案，做好各项应急处置工作。

第四十条 广播、电视、报纸、电信等媒体应当及时、准确地向社会传播气象灾害的发生、发展和应急处置情况。

第四十一条 县级以上人民政府及其有关部门应当根据气象主管机构提供的灾害性天气发生、发展趋势信息以及灾情发展情况，按照有关规定适时调整气象灾害级别或者作出解除气象灾害应急措施的决定。

第四十二条 气象灾害应急处置工作结束后，地方各级人民政府应当组织有关部门对气象灾害造成的损失进行调查，制定恢复重建计划，并向上一级人民政府报告。

第五章 法律责任

第四十三条 违反本条例规定，地方各级人民政府、各级气象主管机构和其他有关部门及其工作人员，有下列行为之一的，由其上级机关或者监察机关责令改正；情节严重的，对直接负责的主管人员和其他直接责任人员依法给予处分；构成犯罪的，依法追究刑事责任：

（一）未按照规定编制气象灾害防御规划或者气象灾害应急预案的；

（二）未按照规定采取气象灾害预防措施的；

（三）向不符合条件的单位颁发雷电防护装置检测资质证的；

（四）隐瞒、谎报或者由于玩忽职守导致重大漏报、错报灾害性天气警报、气象灾害预警信号的；

（五）未及时采取气象灾害应急措施的；

（六）不依法履行职责的其他行为。

第四十四条 违反本条例规定，有下列行为之一的，由县级以上地方人民政府或者有关部门责令改正；构成违反治安管理行为的，由公安机关依法给予处罚；构成犯罪的，依法追究刑事责任：

（一）未按照规定采取气象灾害预防措施的；

（二）不服从所在地人民政府及其有关部门发布的气象灾害应急处置决定、命令，或者不配合实施其依法采取的气象灾害应急措施的。

第四十五条 违反本条例规定，有下列行为之一的，由县级以上气象主管机构或者其他有关部门按照权限责令停止违法行为，处5万元以上10万元以下的罚款；有违法所得的，没收违法所得；给他人造成损失的，依法承担赔偿责任：

（一）无资质或者超越资质许可范围从事雷电防护装置检测的；

（二）在雷电防护装置设计、施工、检测中弄虚作假的；

（三）违反本条例第二十三条第三款的规定，雷电防护装置未经设计审核或者设计审核不合格施工的，未经竣工验收或者竣工验收不合格交付使用的。

第四十六条 违反本条例规定，有下列行为之一的，由县级以上气象主管机构责令改正，给予警告，可以处5万元以下的罚款；构成违反治安管理行为的，由公安机关依法给予处罚：

（一）擅自向社会发布灾害性天气警报、气象灾害预警信号的；

（二）广播、电视、报纸、电信等媒体未按照要求播发、刊登灾害性天气警报和气象灾害预警信号的；

（三）传播虚假的或者通过非法渠道获取的灾害性天气信息和气象灾害灾情的。

第六章 附则

第四十七条 中国人民解放军的气象灾害防御活动，按照中央军事委员会的规定执行。

第四十八条 本条例自2010年4月1日起施行。

附录C

国务院办公厅关于印发
国家气象灾害应急预案的通知

2009年12月11日 （国办函〔2009〕120号）

国家气象灾害应急预案

1　总则

1.1　编制目的

建立健全气象灾害应急响应机制，提高气象灾害防范、处置能力，最大限度地减轻或者避免气象灾害造成人员伤亡、财产损失，为经济和社会发展提供保障。

1.2　编制依据

依据《中华人民共和国突发事件应对法》、《中华人民共和国气象法》、《中华人民共和国防沙治沙法》、《中华人民共和国防洪法》、《人工影响天气管理条例》、《中华人民共和国防汛条例》、《中华人民共和国抗旱条例》、《森林防火条例》、《草原防火条例》、《国家突发公共事件总体应急预案》等法律法规和规范性文件，制定本预案。

1.3　适用范围

本预案适用于我国范围内台风、暴雨（雪）、寒潮、大风（沙尘暴）、低温、高温、干旱、雷电、冰雹、霜冻、冰冻、大雾、霾等气象灾害事件的防范和应对。

因气象因素引发水旱灾害、地质灾害、海洋灾害、森林草原火灾等其他灾害的处置，适用有关应急预案的规定。

1.4　工作原则

以人为本、减少危害。把保障人民群众的生命财产安全作为首要任务和应急处置工作的出发点，全面加强应对气象灾害的体系建设，最大程度减少灾害损失。

预防为主、科学高效。实行工程性和非工程性措施相结合，提高气象灾害监测预警能力和防御标准。充分利用现代科技手段，做好各项应急准备，提高应急处置能力。

依法规范、协调有序。依照法律法规和相关职责，做好气象灾害的防范应对工作。加强各地区、各部门的信息沟通，做到资源共享，并建立协调配合机制，使气象灾害应对工作更加规范有序、运转协调。

分级管理、属地为主。根据灾害造成或可能造成的危害和影响，对气象灾害实施分级管理。灾害发生地人民政府负责本地区气象灾害的应急处置工作。

2 组织体系

2.1 国家应急指挥机制

发生跨省级行政区域大范围的气象灾害，并造成较大危害时，由国务院决定启动相应的国家应急指挥机制，统一领导和指挥气象灾害及其次生、衍生灾害的应急处置工作：

——台风、暴雨、干旱引发江河洪水、山洪灾害、渍涝灾害、台风暴潮、干旱灾害等水旱灾害，由国家防汛抗旱总指挥部负责指挥应对工作。

——暴雪、冰冻、低温、寒潮，严重影响交通、电力、能源等正常运行，由国家发展改革委启动煤电油气运保障工作部际协调机制；严重影响通信、重要工业品保障、农牧业生产、城市运行等方面，由相关职能部门负责协调处置工作。

——海上大风灾害的防范和救助工作由交通运输部、农业部和国家海洋局按照职能分工负责。

——气象灾害受灾群众生活救助工作，由国家减灾委组织实施。

2.2 地方应急指挥机制

对上述各种灾害，地方各级人民政府要先期启动相应的应急指挥机制或建立应急指挥机制，启动相应级别的应急响应，组织做好应对工作。国务院有关部门进行指导。

高温、沙尘暴、雷电、大风、霜冻、大雾、霾等灾害由地方人民政府启动相应的应急指挥机制或建立应急指挥机制负责处置工作，国务院有关部门进行指导。

3　监测预警

3.1　监测预报

3.1.1　监测预报体系建设

各有关部门要按照职责分工加快新一代天气雷达系统、气象卫星工程、水文监测预报等建设，优化加密观测网站，完善国家与地方监测网络，提高对气象灾害及其次生、衍生灾害的综合监测能力。建立和完善气象灾害预测预报体系，加强对灾害性天气事件的会商分析，做好灾害性、关键性、转折性重大天气预报和趋势预测。

3.1.2　信息共享

气象部门及时发布气象灾害监测预报信息，并与公安、民政、环保、国土资源、交通运输、铁道、水利、农业、卫生、安全监管、林业、电力监管、海洋等相关部门建立相应的气象及气象次生、衍生灾害监测预报预警联动机制，实现相关灾情、险情等信息的实时共享。

3.1.3　灾害普查

气象部门建立以社区、村镇为基础的气象灾害调查收集网络，组织气象灾害普查、风险评估和风险区划工作，编制气象灾害防御规划。

3.2 预警信息发布

3.2.1 发布制度

气象灾害预警信息发布遵循"归口管理、统一发布、快速传播"原则。气象灾害预警信息由气象部门负责制作并按预警级别分级发布，其他任何组织、个人不得制作和向社会发布气象灾害预警信息。

3.2.2 发布内容

气象部门根据对各类气象灾害的发展态势，综合预评估分析确定预警级别。预警级别分为I级（特别重大）、II级（重大）、III级（较大）、IV级（一般），分别用红、橙、黄、蓝四种颜色标示，I级为最高级别，具体分级标准见附则。

气象灾害预警信息内容包括气象灾害的类别、预警级别、起始时间、可能影响范围、警示事项、应采取的措施和发布机关等。

3.2.3 发布途径

建立和完善公共媒体、国家应急广播系统、卫星专用广播系统、无线电数据系统、专用海洋气象广播短波电台、移动通信群发系统、无线电数据系统、中国气象频道等多种手段互补的气象灾害预警信息发布系统，发布气象灾害预警信息。同时，通过国家应急广播和广播、电视、报刊、互联网、手机短信、电子显示屏、有线广播等相关媒体以及一切可能的传播手段及时向社会公众发布气象灾害预警信息。涉及可能引发次生、衍生灾害的预警信息通过有关信息共享平台向相关部门发布。

地方各级人民政府要在学校、机场、港口、车站、旅游景点等人员密集公共场所，高速公路、国道、省道等重要道路和易受气象灾害影响的桥梁、涵洞、弯道、坡路等重点路段，以及农牧区、山区等建立起畅通、有效的预警信息发布与传播渠道，扩大预警信息覆盖面。对老、幼、病、残、孕等特殊人群以及学校等特殊场所和警报盲区应当采取有针对性的公告方式。

气象部门组织实施人工影响天气作业前，要及时通知相关地方和部门，并根据具体情况提前公告。

3.3 预警准备

各地区、各部门要认真研究气象灾害预报预警信息，密切关注天气变化及灾害发展趋势，有关责任人员应立即上岗到位，组织力量深入分析、评估可能造成的影响和危害，尤其是对本地区、本部门风险隐患的影响情况，有针对性地提出预防和控制措施，落实抢险队伍和物资，做好启动应急响应的各项准备工作。

3.4 预警知识宣传教育

地方各级人民政府和相关部门应做好预警信息的宣传教育工作，普及防灾减灾知识，增强社会公众的防灾减灾意识，提高自救、互救能力。

4 应急处置

4.1 信息报告

有关部门按职责收集和提供气象灾害发生、发展、损失以及防御等情况，及时向当地人民政府或相应的应急指挥机构报告。各地区、各部门要按照有关规定逐级向上报告，特别重大、重大突发事件信息，要向国务院报告。

4.2 响应启动

按气象灾害程度和范围，及其引发的次生、衍生灾害类别，有关部门按照其职责和预案启动响应。

当同时发生两种以上气象灾害且分别发布不同预警级别时，按照最高预警级别灾种启动应急响应。当同时发生两种以上气象灾害且均没有达到预警标准，但可能或已经造成损失和影响时，根据不同程度的损失和影响在综合评估基础上启动相应级别应急响应。

4.3 分部门响应

当气象灾害造成群体性人员伤亡或可能导致突发公共卫生事件时，卫生部门启动《国家突发公共事件医疗卫生救援应急预案》和《全国自然灾害卫生应急预案》。当气象灾害造成地质灾害时，国土资源部门启动《国家突发地质灾害应急预案》。当气象灾害造成重大环境事件时，环境保护部门启动《国家突发环境事件应急预案》。当气象灾害造成海上船舶险情及船舶溢油污染时，交通运输部门启动《国家海上搜救应急预案》和"中国海上船舶溢油应急计划"。当气象灾害引发水旱灾害时，防汛抗旱部门启动《国家防汛抗旱应急预案》。当气象灾害引发城市洪涝时，水利、住房城乡建设部门启动相关应急预案。当气象灾害造成涉及农业生产事件时，农业部门启动《农业重大自然灾害突发事件应急预案》或《渔业船舶水上安全突发事件应急预案》。当气象灾害引发森林草原火灾时，林业、农业部门启动《国家处置重、特大森林火灾应急预案》和《草原火灾应急预案》。当发生沙尘暴灾害时，林业部门启动《重大沙尘暴灾害应急预案》。当气象灾害引发海洋灾害时，海洋部门启动《风暴潮、海浪、海啸和海冰灾害应急预案》。当气象灾害引发生产安全事故时，安全监管部门启动相关生产安全事故应急预案。当气象灾害造成煤电油气运保障工作出现重大突发问题时，国家发展改革委启动煤电油气运保障工作部际协调机制。当气象灾害造成重要工业品保障出现重大突发问题时，工业和信息化部启动相关应急预案。当气象灾害造成严重损失，需进行紧急生活救助时，民政部门启动《国家自然灾害救助应急预案》。

发展改革、公安、民政、工业和信息化、财政、交通运输、铁道、水利、商务、电力监管等有关部门按照相关预案，做好气象灾害应急防御和保障工作。新闻宣传、外交、教育、科技、住房城乡建设、广电、旅游、法制、保险监管等部门做好相关行业领域协调、配合工作。解放军、武警部队、公安消防部队以及民兵预备役、地方群众抢险队伍等，要协助地方人民政府做好抢险救援工作。

气象部门进入应急响应状态，加强天气监测、组织专题会商，根据灾害性天气发生发展情况随时更新预报预警并及时通报相关部门和单位，依据各地区、各部门的需求，提供专门气象应急保障服务。国务院应急办要认真履行职责，切实做好值守应急、信息汇总、分析研判、综合协调等各项工作，发挥运转枢纽作用。

4.4 分灾种响应

当启动应急响应后，各有关部门和单位要加强值班，密切监视灾情，针对不同气象灾害种类及其影响程度，采取应急响应措施和行动。新闻媒体按要求随时播报气象灾害预警信息及应急处置相关措施。

4.4.1 台风、大风

气象部门加强监测预报，及时发布台风、大风预警信号及相关防御指引，适时加大预报时段密度。

海洋部门密切关注管辖海域风暴潮和海浪发生发展动态，及时发布预警信息。

防汛部门根据风灾风险评估结果和预报的风力情况，与地方人民政府共同做好危险地带和防风能力不足的危房内居民的转移，安排其到安全避风场所避风。

民政部门负责受灾群众的紧急转移安置并提供基本生活救助。

住房城乡建设部门采取措施，巡查、加固城市公共服务设施，督促有关单位加固门窗、围板、棚架、临时建筑物等，必要时可强行拆除存在安全隐患的露天广告牌等设施。

交通运输、农业部门督促指导港口、码头加固有关设施，督促所有船舶到安全场所避风，防止船只走锚造成碰撞和搁浅；督促运营单位暂停运营、妥善安置滞留旅客。

教育部门根据防御指引、提示，通知幼儿园、托儿所、中小学和中等职业学校做好停课准备；避免在突发大风时段上学放学。

住房城乡建设、交通运输等部门通知高空、水上等户外作业单位做好防风准备，必要时采取停止作业措施，安排人员到安全避风场所避风。

民航部门做好航空器转场，重要设施设备防护、加固，做好运行计划调整和旅客安抚安置工作。

电力部门加强电力设施检查和电网运营监控，及时排除危险、排查故障。

农业部门根据不同风力情况发出预警通知，指导农业生产单位、农户和畜牧水产养殖户采取防风措施，减轻灾害损失；农业、林业部门密切关注大风等高火险天气形势，会同气象部门做好森林草原火险预报预警，指导开展火灾扑救工作。

各单位加强本责任区内检查，尽量避免或停止露天集体活动；居民委员会、村镇、小区、物业等部门及时通知居民妥善安置易受大风影响的室外物品。

相关应急处置部门和抢险单位随时准备启动抢险应急方案。

灾害发生后，民政、防汛、气象等部门按照有关规定进行灾情调查、收集、分析和评估工作。

4.4.2 暴雨

气象部门加强监测预报，及时发布暴雨预警信号及相关防御指引，适时加大预报时段密度。

防汛部门进入相应应急响应状态，组织开展洪水调度、堤防水库工程巡护查险、防汛抢险及灾害救助工作；会同地方人民政府组织转移危险地带以及居住在危房内的居民到安全场所避险。

民政部门负责受灾群众的紧急转移安置并提供基本生活救助。

教育部门根据防御指引、提示，通知幼儿园、托儿所、中小学和中等职业学校做好停课准备。

电力部门加强电力设施检查和电网运营监控，及时排除危险、排查故障。

公安、交通运输部门对积水地区实行交通引导或管制。

民航部门做好重要设施设备防洪防渍工作。

农业部门针对农业生产做好监测预警、落实防御措施，组织抗灾救灾和灾后恢复生产。

施工单位必要时暂停在空旷地方的户外作业。

相关应急处置部门和抢险单位随时准备启动抢险应急方案。

灾害发生后，民政、防汛、气象等部门按照有关规定进行灾情调查、收集、分析和评估工作。

4.4.3 暴雪、低温、冰冻

气象部门加强监测预报，及时发布低温、雪灾、道路结冰等预警信号及相关防御指引，适时加大预报时段密度。

海洋部门密切关注渤海、黄海的海冰发生发展动态，及时发布海冰灾害预警信息。

公安部门加强交通秩序维护，注意指挥、疏导行驶车辆；必要时，关闭易发生交通事故的结冰路段。

电力部门注意电力调配及相关措施落实，加强电力设备巡查、养护，及时排查电力故障；做好电力设施设备覆冰应急处置工作。

交通运输部门提醒做好车辆防冻措施，提醒高速公路、高架道路车辆减速；会同有关部门根据积雪情况，及时组织力量或采取措施做好道路清扫和积雪融化工作。

民航部门做好机场除冰扫雪，航空器除冰，保障运行安全，做好运行计划调整和旅客安抚、安置工作，必要时关闭机场。

住房城乡建设、水利等部门做好供水系统等防冻措施。

卫生部门采取措施保障医疗卫生服务正常开展，并组织做好伤员医疗救治和卫生防病工作。

住房城乡建设部门加强危房检查，会同有关部门及时动员或组织撤离可能因雪压倒塌的房屋内的人员。

民政部门负责受灾群众的紧急转移安置，并为受灾群众和公路、铁路等滞留人员提供基本生活救助。

农业部门组织对农作物、畜牧业、水产养殖采取必要的防护措施。

相关应急处置部门和抢险单位随时准备启动抢险应急方案。

灾害发生后，民政、气象等部门按照有关规定进行灾情调查、收集、分析和评估工作。

4.4.4　寒潮

气象部门加强监测预报，及时发布寒潮预警信号及相关防御指引，适时加大预报时段密度；了解寒潮影响，进行综合分析和评估工作。

海洋部门密切关注管辖海域风暴潮、海浪和海冰发生发展动态，及时发布预警信息。

民政部门采取防寒救助措施，开放避寒场所；实施应急防寒保障，特别对贫困户、流浪人员等应采取紧急防寒防冻应对措施。

住房城乡建设、林业等部门对树木、花卉等采取防寒措施。

农业、林业部门指导果农、菜农和畜牧水产养殖户采取一定的防寒和防风措施，做好牲畜、家禽和水生动物的防寒保暖工作。

卫生部门采取措施，加强低温寒潮相关疾病防御知识宣传教育，并组织做好医疗救治工作。

交通运输部门采取措施，提醒海上作业的船舶和人员做好防御工作，加强海上船舶航行安全监管。

相关应急处置部门和抢险单位随时准备启动抢险应急方案。

4.4.5 沙尘暴

气象部门加强监测预报，及时发布沙尘暴预警信号及相关防御指引，适时加大预报时段密度；了解沙尘影响，进行综合分析和评估工作。

农业部门指导农牧业生产自救，采取应急措施帮助受沙尘影响的灾区恢复农牧业生产。

环境保护部门加强对沙尘暴发生时大气环境质量状况监测，为灾害应急提供服务。

交通运输、民航、铁道部门采取应急措施，保证沙尘暴天气状况下的运输安全。

民政部门采取应急措施，做好救灾人员和物资准备。

相关应急处置部门和抢险单位随时准备启动抢险应急方案。

4.4.6 高温

气象部门加强监测预报，及时发布高温预警信号及相关防御指引，适时加大预报时段密度；了解高温影响，进行综合分析和评估工作。

电力部门注意高温期间的电力调配及相关措施落实，保证居民和重要电力用户用电，根据高温期间电力安全生产情况和电力供需情况，制订拉闸限电方案，必要时依据方案执行拉闸限电措施；加强电力设备巡查、养护，及时排查电力故障。

住房城乡建设、水利等部门做好用水安排，协调上游水源，保证群众生活生产用水。

建筑、户外施工单位做好户外和高温作业人员的防暑工作，必要时调整作息时间，或采取停止作业措施。

公安部门做好交通安全管理，提醒车辆减速，防止因高温产生爆胎等事故。

卫生部门采取积极应对措施，应对可能出现的高温中暑事件。

农业、林业部门指导紧急预防高温对农、林、畜牧、水产养殖业的影响。

相关应急处置部门和抢险单位随时准备启动抢险应急方案。

4.4.7　干旱

气象部门加强监测预报，及时发布干旱预警信号及相关防御指引，适时加大预报时段密度；了解干旱影响，进行综合分析；适时组织人工影响天气作业，减轻干旱影响。

农业、林业部门指导农牧户、林业生产单位采取管理和技术措施，减轻干旱影响；加强监控，做好森林草原火灾预防和扑救准备工作。

水利部门加强旱情、墒情监测分析，合理调度水源，组织实施抗旱减灾等方面的工作。

卫生部门采取措施，防范和应对旱灾导致的食品和饮用水卫生安全问题所引发的突发公共卫生事件。

民政部门采取应急措施，做好救灾人员和物资准备，并负责因旱缺水缺粮群众的基本生活救助。

相关应急处置部门和抢险单位随时准备启动抢险应急方案。

4.4.8　雷电、冰雹

气象部门加强监测预报，及时发布雷雨大风、冰雹预警信号及相关防御指引，适时加大预报时段密度；灾害发生后，有关防雷技术人员及时赶赴现场，做好雷击灾情的应急处置、分析评估工作，并为其他部门处置雷电灾害提供技术指导。

住房城乡建设部门提醒、督促施工单位必要时暂停户外作业。

电力部门加强电力设施检查和电网运营监控，及时排除危险、排查故障。

民航部门做好雷电防护，保障运行安全，做好运行计划调整和旅客安抚安置工作。

农业部门针对农业生产做好监测预警、落实防御措施，组织抗灾救灾和灾后恢复生产。

各单位加强本责任范围内检查，停止集体露天活动；居民委员会、村镇、小区、物业等部门提醒居民尽量减少户外活动和采取适当防护措施，减少使用电器。

相关应急处置部门和抢险单位随时准备启动抢险应急方案。

4.4.9　大雾、霾

气象部门加强监测预报，及时发布大雾和霾预警信号及相关防御指引，适时加大预报时段密度；了解大雾、霾的影响，进行综合分析和评估工作。

电力部门加强电网运营监控，采取措施尽量避免发生设备污闪故障，及时消除和减轻因设备污闪造成的影响。

公安部门加强对车辆的指挥和疏导，维持道路交通秩序。

交通运输部门及时发布雾航安全通知，加强海上船舶航行安全监管。

民航部门做好运行安全保障、运行计划调整和旅客安抚安置工作。

相关应急处置部门和抢险单位随时准备启动抢险应急方案。

4.5　现场处置

气象灾害现场应急处置由灾害发生地人民政府或相应应急指挥机构统一组织，各部门依职责参与应急处置工作。包括组织营救、伤员救治、疏散撤离和妥善安置受到威胁的人员，及时上报灾情和人员伤亡情况，分配救援任务，协调各级各类救援队伍的行动，查明并及时组织力量消除次生、衍生灾害，组织公共设施的抢修和援助物资的接收与分配。

4.6　社会力量动员与参与

气象灾害事发地的各级人民政府或应急指挥机构可根据气象灾害事件的性质、危害程度和范围，广泛调动社会力量积极参与气象灾害突发事件的处置，紧急情况下可依法征用、调用车辆、物资、人员等。

气象灾害事件发生后，灾区的各级人民政府或相应应急指挥机构组织各方面力量抢救人员，组织基层单位和人员开展自救和互救；邻近的省（区、市）、市（地、州、盟）人民政府根据灾情组织和动员社会力量，对灾区提供救助。

鼓励自然人、法人或者其他组织（包括国际组织）按照《中华人民共和国公益事业捐赠法》等有关法律法规的规定进行捐赠和援助。审计监察部门对捐赠资金与物资的使用情况进行审计和监督。

4.7 信息公布

气象灾害的信息公布应当及时、准确、客观、全面，灾情公布由有关部门按规定办理。

信息公布形式主要包括权威发布、提供新闻稿、组织报道、接受记者采访、举行新闻发布会等。

信息公布内容主要包括气象灾害种类及其次生、衍生灾害的监测和预警，因灾伤亡人员、经济损失、救援情况等。

4.8 应急终止或解除

气象灾害得到有效处置后，经评估，短期内灾害影响不再扩大或已减轻，气象部门发布灾害预警降低或解除信息，启动应急响应的机构或部门降低应急响应级别或终止响应。国家应急指挥机制终止响应须经国务院同意。

5 恢复与重建

5.1 制订规划和组织实施

受灾地区县级以上人民政府组织有关部门制订恢复重建计划，尽快组织修复被破坏的学校、医院等公益设施及交通运输、水利、电力、通信、供排水、供气、输油、广播电视等基础设施，使受灾地区早日恢复正常的生产生活秩序。

发生特别重大灾害，超出事发地人民政府恢复重建能力的，为支持和帮助受灾地区积极开展生产自救、重建家园，国家制订恢复重建规划，出台相关扶持优惠政策，中央财政给予支持；同时，依据支援方经济能力和受援方灾害程度，建立地区之间对口支援机制，为受灾地区提供人力、物力、财力、智力等各种形式的支援。积极鼓励和引导社会各方面力量参与灾后恢复重建工作。

5.2　调查评估

灾害发生地人民政府或应急指挥机构应当组织有关部门对气象灾害造成的损失及气象灾害的起因、性质、影响等问题进行调查、评估与总结，分析气象灾害应对处置工作经验教训，提出改进措施。灾情核定由各级民政部门会同有关部门开展。灾害结束后，灾害发生地人民政府或应急指挥机构应将调查评估结果与应急工作情况报送上级人民政府。特别重大灾害的调查评估结果与应急工作情况应逐级报至国务院。

5.3　征用补偿

气象灾害应急工作结束后，县级以上人民政府应及时归还因救灾需要临时征用的房屋、运输工具、通信设备等；造成损坏或无法归还的，应按有关规定采取适当方式给予补偿或做其他处理。

5.4 灾害保险

鼓励公民积极参加气象灾害事故保险。保险机构应当根据灾情，主动办理受灾人员和财产的保险理赔事项。保险监管机构依法做好灾区有关保险理赔和给付的监管。

6 应急保障

以公用通信网为主体，建立跨部门、跨地区气象灾害应急通信保障系统。灾区通信管理部门应及时采取措施恢复遭破坏的通信线路和设施，确保灾区通信畅通。

交通运输、铁路、民航部门应当完善抢险救灾、灾区群众安全转移所需车辆、火车、船舶、飞机的调配方案，确保抢险救灾物资的运输畅通。

工业和信息化部门应会同相关部门做好抢险救灾需要的救援装备、医药和防护用品等重要工业品保障方案。

民政部门加强生活类救灾物资储备，完善应急采购、调运机制。

公安部门保障道路交通安全畅通，做好灾区治安管理和救助、服务群众等工作。

农业部门做好救灾备荒种子储备、调运工作，会同相关部门做好农业救灾物资、生产资料的储备、调剂和调运工作。地方各级人民政府及其防灾减灾部门应按规范储备重大气象灾害抢险物资，并做好生产流程和生产能力储备的有关工作。

中央财政对达到《国家自然灾害救助应急预案》规定的应急响应等级的灾害，根据灾情及中央自然灾害救助标准，给予相应支持。

7 预案管理

本预案由国务院办公厅制定与解释。

预案实施后，随着应急救援相关法律法规的制定、修改和完善，部门职责或应急工作发生变化，或者应急过程中发现存在问题和出现新情况，国务院应急办应适时组织有关部门和专家进行评估，及时修订完善本预案。

县级以上地方人民政府及其有关部门要根据本预案，制订本地区、本部门气象灾害应急预案。

本预案自印发之日起实施。

8 附则

8.1 气象灾害预警标准

8.1.1 Ⅰ级预警

（1）台风：预计未来48小时将有强台风、超强台风登陆或影响我国沿海。

（2）暴雨：过去48小时2个及以上省（区、市）大部地区出现特大暴雨天气，预计未来24小时上述地区仍将出现大暴雨天气。

（3）暴雪：过去24小时2个及以上省（区、市）大部地区出现暴雪天气，预计未来24小时上述地区仍将出现暴雪天气。

（4）干旱：5个以上省（区、市）大部地区达到气象干旱重旱等级，且至少2个省（区、市）部分地区或两个大城市出现气象干旱特旱等级，预计干旱天气或干旱范围进一步发展。

（5）各种灾害性天气已对群众生产生活造成特别重大损失和影响，超出本省（区、市）处置能力，需要由国务院组织处置的，以及上述灾害已经启动Ⅱ级响应但仍可能持续发展或影响其他地区的。

8.1.2　Ⅱ级预警

（1）台风：预计未来48小时将有台风登陆或影响我国沿海。

（2）暴雨：过去48小时2个及以上省（区、市）大部地区出现大暴雨天气，预计未来24小时上述地区仍将出现暴雨天气；或者预计未来24小时2个及以上省（区、市）大部地区将出现特大暴雨天气。

（3）暴雪：过去24小时2个及以上省（区、市）大部地区出现暴雪天气，预计未来24小时上述地区仍将出现大雪天气；或者预计未来24小时2个及以上省(区、市)大部地区将出现15毫米以上暴雪天气。

（4）干旱：3~5个省（区、市）大部地区达到气象干旱重旱等级，且至少1个省(区、市)部分地区或1个大城市出现气象干旱特旱等级，预计干旱天气或干旱范围进一步发展。

（5）冰冻：过去48小时3个及以上省(区、市)大部地区出现冰冻天气，预计未来24小时上述地区仍将出现冰冻天气。

（6）寒潮：预计未来48小时2个及以上省(区、市)气温大幅下降并伴有6级及以上大风，最低气温降至2摄氏度以下。

（7）海上大风：预计未来48小时我国海区将出现平均风力达11级及以上大风天气。

（8）高温：过去48小时2个及以上省(区、市)出现最高气温达37摄氏度，且有成片40摄氏度及以上高温天气，预计未来48小时上述地区仍将出现37摄氏度及以上高温天气。

（9）灾害性天气已对群众生产生活造成重大损失和影响，以及上述灾害已经启动Ⅲ级响应但仍可能持续发展或影响其他地区的。

8.1.3　Ⅲ级预警

（1）台风：预计未来48小时将有强热带风暴登陆或影响我国沿海。

（2）暴雨：过去24小时2个及以上省(区、市)大部地区出现暴雨天气，预计未来24小时上述地区仍将出现暴雨天气；或者预计未来24小时2个及以上省(区、市)大部地区将出现大暴雨天气，且南方有成片或北方有分散的特大暴雨。

（3）暴雪：过去24小时2个及以上省(区、市)大部地区出现大雪天气，预计未来24小时上述地区仍将出现大雪天气；或者预计未来24小时2个及以上省(区、市)大部地区将出现暴雪天气。

（4）干旱：2个省(区、市)大部地区达到气象干旱重旱等级，预计干旱天气或干旱范围进一步发展。

（5）寒潮：预计未来48小时2个及以上省(区、市)气温明显下降并伴有5级及以上大风，最低气温降至4摄氏度以下。

（6）海上大风：预计未来48小时我国海区将出现平均风力达9~10级大风天气。

（7）冰冻：预计未来48小时3个及以上省(区、市)大部地区将出现冰冻天气。

（8）低温：过去72小时2个及以上省(区、市)出现较常年同期异常偏低的持续低温天气，预计未来48小时上述地区气温持续偏低。

（9）高温：过去48小时2个及以上省（区、市）最高气温达37摄氏度，预计未来48小时上述地区仍将出现37摄氏度及以上高温天气。

（10）沙尘暴：预计未来24小时2个及以上省（区、市）将出现强沙尘暴天气。

（11）大雾：预计未来24小时3个及以上省（区、市）大部地区将出现浓雾天气。

（12）各种灾害性天气已对群众生产生活造成较大损失和影响，以及上述灾害已经启动IV级响应但仍可能持续发展或影响其他地区的。

8.1.4　IV级预警

（1）台风：预计未来48小时将有热带风暴登陆或影响我国沿海。

（2）暴雨：预计未来24小时2个及以上省（区、市）大部地区将出现暴雨天气，且南方有成片或北方有分散的大暴雨。

（3）暴雪：预计未来24小时2个及以上省（区、市）大部地区将出现大雪天气，且有成片暴雪。

（4）寒潮：预计未来48小时2个及以上省（区、市）将出现较明显大风降温天气。

（5）低温：过去24小时2个及以上省（区、市）出现较常年同期异常偏低的持续低温天气，预计未来48小时上述地区气温持续偏低。

（6）高温：预计未来48小时4个及以上省（区、市）将出现35摄氏度及以上，且有成片37摄氏度及以上高温天气。

（7）沙尘暴：预计未来24小时2个及以上省（区、市）将出现沙尘暴天气。

（8）大雾：预计未来24小时3个及以上省（区、市）大部地区将出现大雾天气。

（9）霾：预计未来24小时3个及以上省（区、市）大部地区将出现霾天气。

（10）霜冻：预计未来24小时2个及以上省（区、市）将出现霜冻天气。

（11）各种灾害性天气已对群众生产生活造成一定损失和影响。

各类气象灾害预警分级统计表

灾种 分级	台风	暴雨	暴雪	寒潮	海上大风	沙尘暴	低温	高温	干旱	霜冻	冰冻	大雾	霾
Ⅰ级	√	√	√						√				
Ⅱ级	√	√	√	√	√			√	√		√	√	
Ⅲ级	√	√	√	√	√	√	√	√	√		√	√	
Ⅳ级	√	√	√	√	√	√	√	√	√	√			√

由于我国地域辽阔，各种灾害在不同地区和不同行业造成影响程度差异较大，各地区、各有关部门要根据实际情况，结合以上标准在充分评估基础上，适时启动相应级别的灾害预警。

8.1.5 多种灾害预警

当同时发生两种以上气象灾害且分别达到不同预警级别时，按照各自预警级别分别预警。当同时发生两种以上气象灾害，且均没有达到预警标准，但可能或已经造成一定影响时，视情进行预警。

8.2 名词术语

台风是指生成于西北太平洋和南海海域的热带气旋系统，其带来的大风、暴雨等灾害性天气常引发洪涝、风暴潮、滑坡、泥石流等灾害。

暴雨一般指24小时内累积降水量达50毫米或以上，或12小时内累积降水量达30毫米或以上的降水，会引发洪涝、滑坡、泥石流等灾害。

暴雪一般指24小时内累积降水量达10毫米或以上，或12小时内累积降水量达6毫米或以上的固态降水，会对农牧业、交通、电力、通信设施等造成危害。

寒潮是指强冷空气的突发性侵袭活动，其带来的大风、降温等天气现象，会对农牧业、交通、人体健康、能源供应等造成危害。

大风是指平均风力大于6级、阵风风力大于7级的风，会对农业、交通、水上作业、建筑设施、施工作业等造成危害。

沙尘暴是指地面尘沙吹起造成水平能见度显著降低的天气现象，会对农牧业、交通、环境、人体健康等造成危害。

低温是指气温较常年异常偏低的天气现象，会对农牧业、能源供应、人体健康等造成危害。

高温是指日最高气温在35摄氏度以上的天气现象，会对农牧业、电力、人体健康等造成危害。

干旱是指长期无雨或少雨导致土壤和空气干燥的天气现象，会对农牧业、林业、水利以及人畜饮水等造成危害。

雷电是指发展旺盛的积雨云中伴有闪电和雷鸣的放电现象，会对人身安全、建筑、电力和通信设施等造成危害。

冰雹是指由冰晶组成的固态降水，会对农业、人身安全、室外设施等造成危害。

霜冻是指地面温度降到零摄氏度或以下导致植物损伤的灾害。

冰冻是指雨、雪、雾在物体上冻结成冰的天气现象，会对农牧业、林业、交通和电力、通信设施等造成危害。

大雾是指空气中悬浮的微小水滴或冰晶使能见度显著降

低的天气现象，会对交通、电力、人体健康等造成危害。

霾是指空气中悬浮的微小尘粒、烟粒或盐粒使能见度显著降低的天气现象，会对交通、环境、人体健康等造成危害。